Bibliothèque Religieuse, Morale, Littéraire,

POUR L'ENFANCE ET LA JEUNESSE,

Publiée avec Approbation

DE MGR. L'ARCHEVÊQUE DE BORDEAUX.

DIRIGÉE

PAR M. L'ABBÉ ROUSIER,

Directeur de l'œuvre des bons livres, aumônier du Collége royal de Limoges.

FRONTISPICE.

Que nous serions coupables si nous poussions l'indifférence jusqu'à négliger d'apprendre ce que Dieu a fait pour nous. (Page 23)

GRANDEUR

et la

LIMOGES

1847

FRONTISPICE.

Que nous serions coupables si nous poussions l'indifférence jusqu'à négliger d'apprendre ce que Dieu a fait pour nous. (Page 23)

LA GRANDEUR
et la
BONTÉ DE DIEU,
manifestées dans ses œuvres

ou

Entretiens sur les Beautés de la Nature.

PAR A. E. D. S.

Le second jour Dieu fit le firmament qu'il appela Ciel. Page 2[illegible]

Paris
Chez MARTIAL ARDANT frères, éditeurs,
Rue Hautefeuille N°14.

LIMOGES
à la même librairie

1847

LA GRANDEUR

ET LA

BONTÉ DE DIEU

MANIFESTÉES DANS SES ŒUVRES ;

OU

Entretiens sur les beautés de la nature,

Par A. E. D. S...

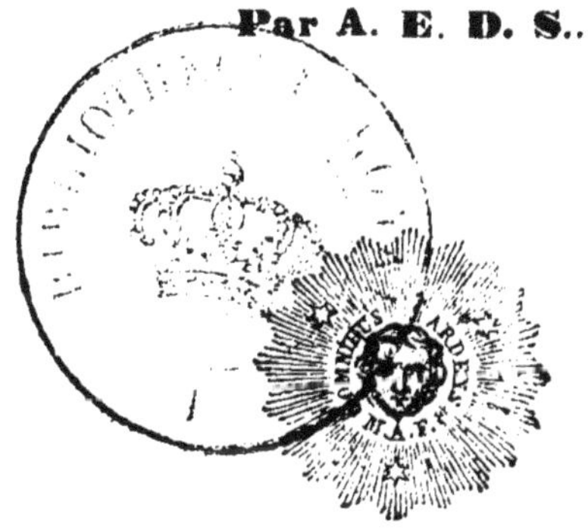

Paris,
chez Martial Ardant frères,
rue Hautefeuille, 14.

Limoges,
chez Martial Ardant frères,
rue des Taules.

1847.

AVANT-PROPOS.

A mes jeunes lecteurs.

Mes jeunes amis, depuis que la bonté de Dieu vous a donné la vie, vous avez vu chaque jour ses œuvres admirables. Vous les avec *vues*; mais, dites-moi, les avez-vous jamais *regardées*, interrogées? Vous êtes-vous dit jamais avec un sentiment de reconnaissance et d'amour : Qui a fait ce grand univers ? Quelle providence le conserve? A qui dois-je tant de bienfaits et la vue de tant de merveilles?

Le matin, quand vos yeux s'ouvrent à la lumière et vos cœurs au sentiment; quand vous voyez reparaître, et, pour ainsi dire, surgir de toute part autour de vous les objets qui, la veille au soir, furent dérobés à vos regards comme par un voile épais, vous demandez-vous quelquefois : Qui a fait le jour? qui a fait cette bienfaisante lumière par qui je jouis de la nature et de ses mille beautés?

Le soir, quand après douze heures d'activité vos paupières pesantes ne demandent qu'à se fermer; vos petits membres fatigués, qu'à s'étendre sur la couche qui les réclame, alors, mes amis, il vous est doux de voir le jour se voiler et s'éteindre, et l'ombre, et le calme, et le frais, s'avancer silencieusement pour charmer votre sommeil, pour le rendre profond et tranquille. Alors, mollement bercés dans votre lit paisible ou dans les bras maternels, vous est-il arrivé jamais de tourner une dernière pensée vers Dieu, de vous dire en vous-mêmes : Qui a fait la nuit, cette nuit tutélaire qui m'apporte le repos, l'oubli et des forces nouvelles?

N'avez-vous jamais contemplé un ciel semé d'étoiles? Ne vous êtes *vous dit jamais :* Quelle puissance a fait éclore tous ces mondes étincelans qui roulent dans l'immensité ?

Le matin renaît. O mes amis ! avant de courir à vos jeux enfantins, arrêtez-vous un moment... Admirez ! Quelque petits que vous soyez, ce spectacle vous frappera si vous voulez le contempler. Voyez cette belle voûte bleue sur laquelle glissent si doucement ces légers nuages roses... Vers l'orient, cette brillante coupole de saphirs est traversée par de larges rubans de pourpre, sillonnée par de longs filets d'or. Voyez ce disque lumineux qui commence à se montrer au-dessus de la montagne : comme il s'élève avec lenteur et majesté en jetant sur les vieux rochers ses reflets éblouissans !

Et la montagne! elle est belle aussi, mes amis, avec sa sombre couronne de chênes, avec son riche manteau de pampre vert, où se suspendent, tels que de frais bouquets, l'amandier aux blanches corolles, le pêcher aux boutons d'un ravissant incarnat.

Voyez ces vignes qui verdissent et bourgeonnent, ces massifs de buissons fleuris, ces haies où s'entrelacent, dans une magnifique confusion, l'églandier, le framboisier, la rouge et fraîche mérise. Tout cela n'est-il pas beau à voir, mes amis ? Et jamais pourtant, jusqu'à ce jour, vous n'aviez arrêté sur ces choses qu'un œil distrait, inattentif; jamais un cri d'admiration, un accent de reconnaissance, ne se sont élancés de vos âmes à l'aspect d'un beau jour de printemps. Ah! désormais, enfant, chaque matin, avant de reprendre vos livres ou vos jouets, ayez un regard pour la nature et une pensée pour le Créateur!

Bénissez celui qui a tant fait et à qui

vous devez tout; apprenez à l'admirer dans ses œuvres ; priez-le, car il aime les prières des petits enfans ; glorifiez-le surtout dans cette riante saison où la nature rajeunie se montre douce et belle comme vous. Bénissez la main prodigue de dons gracieux qui rend aux arbres leur fraîche parure ; aux prairies, leur émail et leurs parfums; aux bocages, leur mélodie ; qui jeta le chêne altier sur la montagne, l'humble violette au fond du vallon, dans le ciel un azur si pur, si brillant, et dans les airs une vivifiante chaleur. Unissez vos voix à ma faible voix, ou plutôt unissez-vous aux mille voix de la création, ô vous qui êtes ce qu'elle renferme de plus aimable et de plus innocent !

Priez, jeunes enfans, beaux anges de la terre ;
Pures fleurs, exhalez vos parfums vers les cieux.
Dieu vous aime : il vous faut ressembler pour lui plaire :
Heureux qui vous ressemble, et mille fois heureux !

Quand de pampres naissans s'ombrage la colline,
Qu'une neige de fleurs a blanchi l'aubépine ;
Quand l'oiseau printanier chante en faisant son nid,
Que l'insecte bourdonne et que l'onde frémit,

Priez, jeunes enfans, beaux anges de la terre ;
Pures fleurs, exhalez vos parfums vers les cieux.
Dieu vous aime : il vous faut rassembler pour lui plaire :
Heureux qui vous ressemble, et mille fois heureux !

Lorsque le chèvrefeuille et la rouge mérise
S'attachent en festons aux vieilles roches grises,
Que l'odorant narcisse embaume les vallons,
Et que l'épi naissant verdit dans les sillons,

Priez, jeunes enfans, beaux anges de la terre ;
Pures fleurs, exhalez vos parfums vers les cieux.
Dieu vous aime : il vous faut rassembler pour lui plaire.
Heureux qui vous ressemble, et mille fois heureux !

Mais l'airain matinal dans les airs se balance...
Oui, du temple rustique un saint hymne s'élance.
Oui, le triple hozannah dans ses murs retentit,
Et d'un pieux effroi notre âme se remplit.

Priez pour nous, enfans, beaux anges de la terre ;
Pures fleurs, exhalez vos parfums vers les cieux.
Dieu vous aime : il vous faut rassembler pour lui plaire
Heureux qui vous ressemble, et mille fois heureux !

Vous surtout à qui j'adresse plus particulièrement ces lignes, pauvres enfans des hameaux ; vous qui n'avez pour vous instruire ni les soins assidus d'un maître ni des livres variés et intéressans, apprenez à lire dans le grand livre de la création ! A vous surtout je voudrais que mes faibles travaux fussent profitables, à vous je vous dédie ces simples entretiens. Vous y verrez s'y développer l'âme et l'intelligence d'une jeune enfant un peu plus favorisée que vous de la fortune, mais comme vous élevée loin des villes et dans toute la simplicité des champs. C'est en parcourant avec Valérie les vallées et les côteaux, en examinant avec elle les plantes, les fleurs, les métaux, tous les objets de la nature que le hasard offrait à nos yeux; c'est en suivant les pas de ma jeune amie sur les bords ombreux du ruisseau, au pied de la superbe cascade, sur la hauteur où tant de fois nous avons vu le soleil se lever sur un trône d'or et se coucher sous un brillant rideau de pourpre; c'est en recueillant les marques naïves d'une enfant, et en répondant à ses questions, que j'ai fait ce petit ouvrage. Ah! puissiez-vous en le lisant sentir une profonde reconnaissance pour le créateur de l'univers! Puissiez-vous apprendre à apprécier dignement les biens sans nombre que la bonté divine a mis à votre disposition, afin de n'envier jamais ceux que le monde a placés loin de vous!

LA GRANDEUR

ET

LA BONTÉ DE DIEU,

Manifestées dans ses œuvres.

PREMIER ENTRETIEN.

UNE CAUSE PREMIÈRE ET TOUTE-PUISSANTE.

> Il est un Dieu : les cèdres de la montagne et les herbes de la vallée le bénissent.
>
> CHATEAUBRIANT.

ELVIRE, VALÉRIE (7 ans.)

ELVIRE.

CHÈRE Valérie, c'est toi sans doute qui as mis dans ces vases ces belles roses; c'est toi qui as posé sur mon lit ce bouquet de violettes. Viens, que je t'embrasse. Merci pour tes aimables attentions.

VALÉRIE.

Il fait beau. Je t'attends pour notre promenade du matin. Bon! te voilà prête. De quel côté allons-nous?

ELVIRE.

Restons dans le vallon, ma chère Valérie; quelque jour, bientôt, si mes forces me le permettent, nous monterons sur la montagne, nous verrons le soleil levant dans tout son éclat. Ta jeune âme, j'en ai l'assurance, sera émue à ce spectacle. Mais, puisque je suis si faible aujourd'hui, puisque le ciel a voulu que, jeune encore, je languisse pâle et débile ainsi que le vieillard chargé d'ans; et qu'au lieu de gravir les rochers comme l'agile chevreuil, je ne puis que me traîner dans l'étroit vallon comme l'insecte au corsage d'azur qui glisse dans l'herbe à nos pieds, viens, ralentis ta marche folâtre, suivons ensemble les bords du ruisseau. Regarde! on dirait un long ruban d'argent, vois sur ses deux rives mousseuses, combien de milliers de violettes! Un peu plus loin, dans le gazon, vois ces gentilles marguerites, ces narcisses à la tige si frêle, à la tête si doucement penchée, au parfum si suave... oh! ce vallon est frais et charmant!

VALÉRIE.

C'est vrai, il est bien joli ce matin. Je veux faire des bouquets de violettes et des guirlandes de bluets pour orner notre chapelle.

ELVIRE.

Valérie, cent fois tu as vu ces belles fleurs, tu t'es amusée à les cueillir, tu as pris plaisir à les tresser. As-tu jamais pensé à remercier celui à qui tu les dois.

VALÉRIE.

Eh non, vraiment! je ne les dois à personne, ce sont des fleurs sauvages qui naissent toutes seules.

ELVIRE.

Tu as sept ans bientôt : tu dois te souvenir d'avoir vu l'année passée les côteaux rians, la vigne en bourgeons, et les arbres en fleurs comme ils le sont aujourd'hui. Tu te rappelles sans doute qu'aux fleurs ont succédé les fruits délicieux, les pêches, les amandes, les raisins que tu aimes tant. As-tu jamais dit en toi-même : Qui m'a donné ces fruits ?

VALÉRIE.

Ah ! pour cela, je le sais : c'est papa qui a cultivé la vigne, c'est lui qui a planté les arbres, qui les a greffés, qui les a soignés ; c'est lui, c'est papa, qui m'a donné ces bonnes amandes, ces bonnes pêches, ces bons raisins que j'ai mangés l'an passé. C'est lui aussi qui nous donne ces bonnes fraises dont nous nous régalons chaque matin ; il les a semées et je lui ai aidé, moi.

ELVIRE.

Tu lui as aidé ? Eh bien, chère enfant, dis-moi comment on s'y prend pour semer des fraises.

VALÉRIE

Je te le dirai bien. On commence... c'est que... je le sais pourtant, mais pour le dire, c'est difficile.

ELVIRE.

Un peu d'effort, ma Valérie, j'ai bien envie de le savoir.

VALÉRIE.

Bah! tu le sais mieux que moi, j'en suis sûre; mais tu veux m'apprendre à parler clairement ou quelque chose de plus important encore. Eh bien, bonne cousine, je vais tâcher de te le dire. D'abord, pour semer des fraises, il faut avoir des graines : elles sont rouges, ces graines, et toutes petites, toutes petites. On les retire du fruit : ce n'est pas aisé, car elles tiennent très-fort. Pour en venir à bout, on met le fruit dans l'eau, on l'écrase, on le pétrit long-temps, et le pepin finit par se détacher et tomber au fond de l'eau. Alors on prend une caisse ou un vase rempli de terre très-fine passée au tamis : on répand là-dessus la graine, et puis on la recouvre. On a soin d'arroser de temps en temps, doucement, doucement : au bout de 25 ou 30 jours, les petits fraisiers commencent à paraître à travers la mousse. On les ôte aussitôt pour les planter en pépinière, et puis on les met en planche ou en bordure.

ELVIRE.

Bien, mon cœur, tu m'as fait parfaitement comprendre ces diverses opérations; mais, dis-moi, ces petites graines rouges que tu as vues semer, d'où venaient-elles?

VALÉRIE.

Eh, des fraises.

ELVIRE.

Et ces fraises avaient été produites par...?

VALÉRIE.

Laisse-moi dire ! laisse-moi dire ! Ces fraises-là avaient été produites par d'autres fraises, et celles-ci par d'autres encore, et toujours comme cela, toujours comme cela, jusqu'à la première fraise qui est venue sur la terre : et c'est la même chose pour tous les autres fruits.

ELVIRE.

Et les premiers fruits, les premiers arbres, qui les a mis sur la terre ?

VALÉRIE.

Ah ! je ne sais pas vraiment, jamais je n'ai pensé à cela.

ELVIRE.

Tu veux le savoir ?

VALÉRIE.

Oui, oui ! dis-le moi, dis-le moi !

ELVIRE.

De tout mon cœur. Apporte ici tes bluets, assieds-toi près de moi : bien ! Commence ta guirlande tandis que je ta raconterai cette histoire. Ecoute, ma chère enfant : Les montagnes, les forêts, les mers, les rivières, le monde, enfin, tel que nous le voyons, n'a pas toujours existé, et il ne s'est pas fait seul. Regarde cette maison blanche qui est là sur le côteau, elle n'y était pas l'année passée, comment s'y trouve-t-elle aujourd'hui?

VALÉRIE.

Parce que M. Bertrand l'a fait faire : je l'ai vu bâtir par des maçons. Ils ont mis beaucoup de pierres l'une sur l'autre, ils les ont liées avec du mortier, et ils en ont fait cette maison. Mais si ce sont aussi des ouvriers qui ont *construit* le monde, il fallait que ces ouvriers-là fussent des géans, et qu'ils fussent bien forts, pour porter les grands rochers et les gros arbres.

ELVIRE.

Pauvre enfant! et quel géant aurait placé sur leurs bases les montagnes dont le sommet se perd dans les nues? Quel géant eût pu creuser les lits des fleuves et les immenses bassins des mers, lancer dans l'espace la terre elle-même, enfin, et ces milliers d'étoiles dont chacune est bien plus grande que la terre, et ce soleil qui est encore infiniment plus grand?

VALÉRIE.

Mais qui donc a fait tout cela?

ELVIRE.

Le bon Dieu, ne te l'a-t-on jamais dit?

VALÉRIE.

Si, on me l'a dit et je l'ai lu aussi dans mon catéchisme, mais je n'y avais pas fait attention.

ELVIRE.

Et si je te le redis... aujourd'hui?

VALÉRIE.

Oh! si tu veux me le redire, je ne l'oublierai plus, je te le promets. J'ai trop d'envie de l'entendre. Je vais t'écouter bien attentivement.

ELVIRE.

Tu auras raison. Ce sont des choses qu'il est important de savoir. Le monde, les hommes, les anges eux-mêmes, ont été créés, c'est-à-dire qu'ils ont été faits. Il fallait donc que l'*Être* qui les a faits existât avant eux. Cet Être, c'est le bon Dieu. Le bon Dieu a toujours été. Il *est*, ou il *existe*, par lui-même. Toute existence vient de lui et lui appartient : c'est ce qu'on veut faire entendre en l'appelant l'*Être-Suprême*. On le nomme aussi l'*Éternel*, ce qui signifie qu'il n'a pas eu de commencement et qu'il n'aura point de fin. Dans une langue que lui-même a enseignée aux premiers hommes, Dieu est appelé Jéhovah, et ce mot exprime qu'il est, qu'il fut, et qu'il sera à jamais ; que, seul, il *est* véritablement, c'est-à-dire *essentiellement*. En effet, nous autres mortels et toutes les créatures, nous *n'existons* que parce que Dieu nous a prêté une petite parcelle d'existence, qui est toujours à lui, puisqu'il peut la reprendre à son gré.

Et cependant, le Dieu vivant, en nous tirant du néant, nous a accordé un grand bienfait, et nous lui devons une immense reconnaissance. Il nous a faits capables de l'aimer, d'adorer ses perfections infinies, de nous élever vers lui par la prière, de nous rendre agréables à ses yeux en pratiquant la vertu. Sa munificence nous a entourés de merveilles, et sa bonté nous a destinés à une éternité de bonheur. Que nous serions coupables si nous poussions l'indifférence jusqu'à négliger d'apprendre ce que Dieu a fait pour nous, l'ingratitude jusqu'à oublier de le remercier de ses dons !

Avant donc que le temps, c'est-à-dire la succession des jours, existât, Dieu *était*, et il était comme il sera toujours, infiniment puissant, infiniment sage, infiniment heureux. Déjà il avait créé les anges, pures et saintes intelligences qui l'aiment et le glorifient à jamais. Mais l'Éternel voulut appeler à la vie une autre espèce d'êtres moins parfaits que les anges et moins heureux, et pourtant doués d'excellentes et sublimes qualités, et promis à une très-haute et très-magnifique destinée. Ces créatures, ce sont les hommes. Or, avant de tirer du néant la race humaine, Dieu voulut lui préparer une spacieuse et splendide demeure : il fit l'univers.

Et tout ce qui compose ce grand univers, Dieu l'a fait par sa seule volonté, par sa seule parole.

A la place de tout ce que nous voyons, il n'y avait que le néant, la confusion et une profonde obscurité.

Dieu fit d'abord la terre, qui n'était qu'une masse *informe et vide*, et couverte d'épaisses ténèbres. Alors, Dieu dit : Que la lumière soit! et soudain cette *chose* sans laquelle rien ne serait pour nous dans la nature, puisque rien n'aurait ni forme, ni couleur, ni beauté, cette *chose* admirable que nous appelons la lumière, *fut*. Dieu la vit, et dit qui la lumière était une *bonne chose.* Les esprits célestes l'admirèrent et glorifièrent Jéhovah. Alors Dieu donna aux ténèbres le nom de *nuit*, et à la lumière le nom de *jour*.

Ainsi la terre, la lumière et le premier jour furent créés en même temps.

Le second jour, Dieu fit le firmament, qu'il appela *ciel*.

Le troisième, il sépara la terre d'avec les eaux qui l'inondaient, et la terre devenue *sèche*, c'est-à-dire *sol ferme*, se couvrit d'herbes, de plantes, de mille végétaux divers.

Ensuite le Seigneur créa, pour présider au jour et à la nuit, deux grands luminaires, que sa main divine lança dans l'espace en leur traçant la route qu'ils avaient à suivre durant les siècles. Il suspendit aux voûtes des cieux des milliers d'astres qui brillèrent sur le front de la nuit, et répandirent sur la terre naissante leur bénigne clarté. Et le Verbe Créateur vit que tout ce qu'il avait fait était bien. Et il appela l'époque de la création des astres le *quatrième jour*.

Au cinquième, le souffle de Dieu flotta sur les airs, l'esprit de vie *se mut* à la face et dans les profondeurs de l'abîme, et les mers et les airs se peuplèrent de poissons et d'oiseaux. Et à toutes *ces choses* qui nageaient

dans les eaux et qui volaient dans les cieux, la Parole-Éternelle donna des *âmes vivantes.*

Au sixième jour, la terre, belle, fertilisée, parée de sa brillante et riche végétation, entourée de ses nuées fécondatrices, que la sainte Ecriture appelle les étonnantes eaux supérieures ; la terre, séjour délicieux, reçut à son tour pour habitans des *âmes vivantes.* A sa surface, dans ses entrailles, bondirent des quadrupèdes, se murent des reptiles, s'agitèrent des myriades d'insectes d'animaux divers. — Enfin, Dieu, pour couronner son œuvre, voulut donner un Roi à tous ces peuples innombrables qui vivaient dans l'eau, sur la terre et dans les airs : il fit l'homme. *Adam*, ou le limon que ses mains immortelles avaient façonné, s'anima sous son souffle divin. Dans cette figure, la plus belle et la plus noble de la création, il mit une âme raisonnable, une étincelle de son infinie intelligence, un reflet de lui-même : *Il fit l'homme à son image et à sa ressemblance.*

Valérie avait écouté sa cousine avec beaucoup d'attention : la guirlande de bluets était demeurée inachevée dans ses petites mains. Quand Elvire eut cessé de parler : « Voilà une jolie histoire, » dit l'enfant.

ELVIRE.

L'as-tu bien comprise, ma chérie?

VALÉRIE.

Oh! oui, je t'assure. Que de choses le bon Dieu a fait pour nous! Je remercie bien le bon Dieu.

ELVIRE.

Tu le remercierais, tu l'aimerais encore davantage, si tu connaissais mieux ses ouvrages.

VALÉRIE.

Hé bien, fais-moi connaître tous les ouvrages du bon Dieu?

ELVIRE.

C'est impossible. Les œuvres de Dieu sont immenses et sans nombre. La vie et l'in-

telligence humaines ne suffiraient pas. Mais, si tu le désires, nous essaierons de jeter les yeux sur ce grand et admirable livre, d'en épeler quelques lignes, quelques mots... me comprends-tu, Valérie?

VALÉRIE.

Oui, je te comprends très-bien. Tu veux dire qu'une fois tu me parleras du soleil, qui est un des ouvrages de Dieu; une autre fois, des bois, et une autre fois, d'autre chose.

ELVIRE.

C'est à peu près cela. Hé bien, mon amie, nous commencerons demain matin, en faisant notre promenade accoutumée.

VALÉRIE.

Bon! je suis bien contente! Je vais dire à Sophie de nous éveiller à quatre heures.

DEUXIÈME ENTRETIEN.

Configuration de la terre *.

Il était à peine jour lorsque la petite Valérie s'éveilla, fraîche comme un bouton de rose, gaie comme une jeune fauvette. La

* L'âge si tendre des lecteurs auxquels ces Entretiens sont offerts, nous a déterminé à ne rien dire ici ni du double mouvement de la Terre, ni de ce qu'est cette planète dans le système général du monde. Dans une seconde partie que nous comptons publier l'an prochain, nous parlerons à nos jeunes amis du mécanisme des cieux. Aujourd'hui nous ne considérerons la Terre que comme l'habitation splendide de l'homme, la féconde nourrice qui l'alimente, le grand domaine dont Dieu lui a donné l'empire, la mère attentive qui pourvoit si magnifiquement à nos besoins, et qu'on dirait instruite par le Créateur à nous offrir sans cesse ce nécessaire, non-seulement à notre conservation, mais encore à nos plaisirs,

gentille enfant se rappelant la promesse d'Elvire, s'empressa d'aller l'embrasser, manière aimable de faire cesser son sommeil.

Les deux amies s'étant habillées à la hâte, sortirent et dirigèrent leur promenade vers un sentier ombragé par un double rang de coudriers, auxquels, d'espace en espace, se mêlaient des arbustes odorans et des fleurs éclatantes. Le chèvrefeuille rampant et le jasmin à l'enivrant parfum, diverses espèces de clématites, des touffes d'aubépine et de rosiers sauvages, enlaçaient leurs branches épineuses et leurs tiges flexibles, confondaient leurs blancs festons, leurs bouquets d'un rose mourant, leurs cloches pendantes et embaumées. L'air, quoique un peu vaporeux, était suave et délicieux à respirer : il était tout chargé de senteurs et de mélodies.

L'étroit chemin, tournant presque en spipirale, conduisait par une pente assez douce au sommet d'une colline verte et boisée. Là, s'élevait une chapelle dont les murs blancs, le toît grisâtre et le clocher bizarrement peint en bleu, s'apercevaient de loin à travers le feuillage des chênes qui entouraient le saint monument et le couvraient d'un frais et mobile réseau.

Ce modeste édifice est consacré à *Notre-Dame-des-Pampres-Verts*. Bien souvent le cultivateur y vient prier, épouvanté parce qu'il a vu se lever sur le côteau voisin un nuage lourd et jaunâtre, à l'aspect *laineux*, si l'on peut ainsi parler, à la marche sacadée, aux bords d'un rouge terne, un de ces nuages sinistres, enfin, qui toujours portent dans leurs flancs la grêle, terreur de ces contrées, fléau qui fréquemment enlève en peu d'instans le fruit des labeurs d'une année, et qui semble quelquefois, intelligent du mal qu'il fait, laisser à plaisir mûrir la grappe pour n'en dépouiller les côteaux qu'au moment où le villageois s'apprête à la cueillir. Oh! qu'alors celui-ci éprouve une amère déception! Avec quelle morne tristesse il parcourt ses vignobles dévastés! Au lieu des joyeuses vendanges qu'on allait commencer, au lieu d'une année d'aisance

et de bonheur qu'on se promettait, rien qu'une année de misère, de cruelles privations, de sueurs sans aucune joie, de souffrances sans aucun soulagement !

Aussi, dès qu'un de ces funestes nuages se montre sur l'horizon restreint, mais d'un si beau bleu, de nos pittoresques campagnes, on court implorer la sainte patrone de ces hameaux. On la conjure d'éloigner le fléau. Et souvent, bien souvent, il passe, le noir nuage. Il franchit sans s'arrêter et la vallée rétrécie et la double chaîne de côteaux qui l'enserrent : les grêlons dévastateurs vont désoler une autre contrée. Les villageois reconnaissans honorent d'un culte pieux leur miséricordieuse protectrice. Plusieurs jours de l'année lui sont spécialement consacrés. Le premier dimanche de septembre, la chapelle, dès l'aurore, est ornée de pampres et de fleurs. Les vignerons, précédés d'une bannière, s'y rendent processionnellement en répétant le refrain d'un vieux cantique, et portent avec une pompe champêtre la première grappe mûre, offrande modeste qu'on dépose au pied de la Vierge de marbre noir, qui, dit-on, exprime ordinairement par un signe de tête qu'elle sera favorable aux vœux des bons villageois et qu'elle accepte les prémices de leur récolte *.

Dans le sentier que nous venons de décrire marchaient silencieusement les deux

* Qu'on me pardonne de rappeler ces usages qui se conservent encore dans quelques parties de nos provinces reculées. Les impressions qu'ils m'ont causées sont trop vives pour que je puisse les taire. Combien de fois ces dévotions des hommes, cette simplicité de foi, superstitieuse sans doute, mais touchante, ont rempli mes yeux d'involontaires larmes ! Les pauvres et rudes habitans de nos campagnes ont gardé comme un saint héritage les croyances des aïeux. Ici, la nature est agreste, presque sauvage, mais tout est animé, poétisé, par un sentiment qui ennoblit tout, le sentiment religieux.

Un respect louable sans doute, mais ici heureusement inutile pour des cultes rivaux, n'a point réduit des chrétiens à abolir les signes extérieurs de leur propre culte. On n'a point arraché du chemin

La croix où s'arrêtait le pieux voyageur *.

On ne se condamne point aux jours des grandes fêtes à renfermer les prières et les cantiques dans l'en-

* Madame d'Irigne, *Souvenirs Poétiques*.

amies. Elvire avançait à pas lents, et la jeune Valérie courait gaîment devant elle ; mais la douce enfant ne tarda pas à se rapprocher de sa compagne.

ceinte des temples. Souvent, d'une hauteur à l'autre, on entend retentir la voix vénérée du vieux pasteur et celle de la foule pieuse qui le suit d'un pas lent et recueilli. On voit, sur la crête des monts, flotter une blanche bannière, décorée de l'image de Marie, et défiler une longue procession qui se rend à la chapelle voisine. Les fêtes des saints patrons de chaque paroisse, les Rogations, les Fêtes-Dieu surtout, se célèbrent avec un rustique mais touchant appareil. Oui, je trouve que rien n'est attendrissant comme ces pompes du hameau. J'ai vu nos magnifiques temples grecs avec leurs nobles et régulières proportions, leur architecture simple et majestueuse, leur imposante beauté. J'ai vu aussi nos gothiques cathédrales avec leurs voûtes sombres, leurs flèches aériennes, leurs tombeaux, leurs augustes souvenirs, leurs vitraux brillans de riches peintures et leur jour religieux. Il m'a semblé que ces vénérables monumens de la patrie sont tout remplis de mystères et de recueillement ; que c'est bien là le saint des saints, la demeure de l'Eternel.

Mais, naguère, le spectacle offert par une petite église de campagne a ému mon cœur plus profondément encore. C'était un beau dimanche du mois de juin. Cette pauvre et mesquine église contenait à grand'peine la moitié des fidèles accourus pour assister à l'office divin : le reste se pressait agenouillé devant la porte, dans le cimetière. Des chênes d'une grandeur

VALÉRIE.

Pauvre Elvire, tu ne peux pas courir vite comme moi. Appuie-toi sur mon épaule, appuie-toi bien fort ! Donne-moi ton album,

extraordinaire entouraient le champ de l'éternel repos ; ils abaissaient leur ombre protectrice sur la foule fervente et prosternée, et semblaient incliner avec respect leur front séculaire devant la majesté divine. Non, le marbre taillé en feuilles d'acanthe sur le chapiteau corinthien, ni le granit découpé en dentelle dans les ornemens délicats de nos vieilles métropoles, ne disent au cœur ce que me disaient ces colonnes végétales avec leur couronnement de verdure au-dessus duquel se déployait, comme une voûte d'or et de pourpre, un ciel étincelant des feux du midi. Il me semblait que des chants séraphiques sortaient comme d'un abîme de splendeur, que, du sein des tombeaux, s'élevaient des voix mystérieuses. Je voyais et j'entendais l'Eglise qui triomphe et l'Eglise qui souffre, s'unissant, pour prier et adorer, à celle qui veille et combat. Il me semblait que les anges, les saints, les morts, les vivans, tout ce qui fut créé, enfin, même la nature inanimée, s'unissaient pour louer le Créateur.

Tous les travaux commencent et finissent par une petite fête religieuse. Naguère, j'ai été témoin de celle qui termine la moisson. Après avoir lié la dernière gerbe, les moissonneurs prirent deux perches qu'ils entourèrent de paille nouvelle; ensuite, ils les attachèrent ensemble et en firent une grande croix. Les jeune moissonneuses l'ornèrent de bouquets et de guirlandes de mauves, de bluets et de coquelicots; puis, on la présenta au doyen de la troupe qui, ton livre, ton ombrelle, que je te porte tout cela. Allons bien doucement, et maintenant parle-moi un peu, je t'en prie, des ouvrages du bon Dieu.

la prenant avec respect, entonna d'une voix éclatante les litanies de la Vierge, et s'achemina vers le hameau. Les moissonneurs et les moissonneuses le suivaient rangés sur deux lignes, une poignée de paille à la main, et répondant, de toute leur âme et de toute la force de leurs poumons, *ora pro nobis!* Je suivais et chantais comme eux. Il était tard, et le village était loin. La nuit vint que nous n'étions qu'à mi-chemin. Alors, uo alluma les brandons de paille dont on s'était pourvu. Comme j'étais une des dernières personnes de cette procession, et qu'elle descendait en ce moment une côte fort raide, je pouvais jouir de l'effet que produisait ces deux longues files de flambeaux, glissant ainsi légèrement le long du côteau, par une nuit paisible, mais sombre, et au milieu d'un chant religieux. Rien de plus pittoresque que cette scène.

Arrivés au village, les moissonneurs placèrent leur croix sur le plus haut des gerbiers qu'ils avaient élevés la veille. Ensuite, ils s'en allèrent trouver le maître du champ, bon vieillard, qui acheva de leur mettre le cœur en joie par quelques verres de bon vin. Au petit banquet rustique, des danses et des chants bruyans, remplirent la plus grande partie de la nuit : mais, avant de se séparer, les convives retournèrent au pied de la croix, et le plus âgé y récita une longue prière pour remercier Dieu, qui avait voulu que d'heureux travaux fussent couronnés par cette heureuse soirée.

ELVIRE.

Je t'ai dit que Dieu créa la terre, le globe que nous habitons.

VALÉRIE.

Le globe que nous habitons? Qu'est-ce qu'un globe?

ELVIRE.

Un globe est un corps arrondi, une boule.

VALÉRIE.

Oui, mon amie, quelque étonnant que cela puisse te paraître, la terre est ce qu'on appelle un sphéroïde, c'est-à-dire qu'elle est de forme presque ronde.

ELVIRE.

Cela ne se peut pas : si la terre était ronde, il n'y aurait ni des montagnes, ni des vallons, ni des gouffres comme celui où le pauvre Pierre, notre voisin, s'est noyé l'autre jour avec ses bœufs et sa charrette, qu'on n'a jamais pu en retirer, tant est profond ce creux de la rivière.

ELVIRE.

Regarde cette orange, Valérie; elle passe pour ronde, n'est-ce pas? Cependant, tu vois que l'écorce en est couverte d'aspérités, mais elles sont trop petites pour changer la figure générale de ce beau fruit. De même les élévations et les profondeurs qui se trouvent à la surface de la terre sont trop peu considérables pour altérer sensiblement la configuration générale de cette planète.

VALÉRIE.

Mais elles sont très-grandes, les montagnes. Tiens! vois le vallon là-bas, comme il est loin! et nous ne sommes pourtant qu'à moitié chemin de la chapelle.

ELVIRE.

Il y a des montagnes bien autrement grandes, comme tu dis, que celle-ci. Les Pyrénées, par exemple, qui séparent la France de l'Espagne, ont dans leurs points les plus élevés dix mille trois cent trente-deux pieds au-dessus du niveau de la mer, c'est-à-dire vingt fois la hauteur de cette éminence que nous gravissons, et qui ne mérite que le nom de colline. Les Alpes, entre la France, l'Allemagne et l'Italie, surpassent encore les Pyrénées. Le pic le plus élevé des Alpes, appelé le mont Rosa, a quatorze mille trois cent quatre-vingts pieds de hauteur.

VALÉRIE.

Le mont Saint-Gothard, que tu m'as fait voir l'autre jour dans un grand tableau, n'est-il pas aussi dans les Alpes?

ELVIRE.

Oui, il est même le point central de ces montagnes, mais il n'en est pas à beaucoup près le plus élevé, quoique sa hauteur passe six mille pieds; car, sans compter le mont Rosa, on remarque dans cette chaîne le *Finster-aarhorn*, haut de treize mille deux cent trente-quatre pieds; la *Jungfrau*, qui en a plus de douze mille; le *Stroehorn*, à peu près de la même hauteur que le précédent; les monts de Glanirsh et de Stella, dont le premier a huit mille neuf cents pieds, et le second sept mille quatre cent quatre-vingt-deux, et beaucoup d'autres points d'une prodigieuse élévation. Il existe des montagnes plus considérables encore. Les plus hautes du monde entier, de même que les plus grands fleuves, sont dans l'Amérique méridionale. Là s'étend la chaîne gigantesque des Andes ou Cordilières, qui dans quelques endroits ont dix-huit mille pieds d'élévation. Quant aux abîmes de la mer, il y en a, assure-t-on, qui ont jusqu'à une lieue de profondeur; mais ces dimensions extraordinaires sont encore peu de chose comparées à celles du globe.

VALÉRIE.

Eh, bon Dieu! comment donc est-il *gros* ce globe?

ELVIRE.

Les Chaldéens (c'est le nom d'un peuple fort ancien et qui le premier a observé les astres et les planètes), les Chaldéens disaient qu'un homme qui voyagerait sans s'arrêter, en faisant une lieue à l'heure, mettrait un an à faire le tour de la terre. En effet, elle a de circonférence neuf mille lieues, et dans une année il y a pareil nombre d'heures. Les plus grandes inégalités de la surface de notre globe sont neuf mille fois plus petites que lui. Maintenant, mon amie, considère ton orange, elle a de tour environ quatre pouces ou cinquante lignes ; eh bien, la plus grande des inégalités que je remarque sur son écorce a au moins une ligne, et par conséquent n'est que cinquante fois plus petite que l'orange elle-même. Tu comprends que la montagne la plus haute de la terre ou le gouffre le plus profond de l'Océan doit paraître beaucoup moins sur le globe que cette légère rugosité sur ce fruit.

VALÉRIE.

A la bonne heure! j'entends bien cela; mais je trouve tout drôle que la terre soit une grosse boule.

ELVIRE.

Je t'ai dit qu'elle était *presque ronde* : elle est légèrement aplatie à deux de ses côtés opposés entre eux, et qu'on appelle les deux pôles; mais cet aplatissement, quoiqu'il forme la trois cent trente-quatrième partie du globe terrestre, en altère très peu la figure.

VALÉRIE.

Tu as appellé la terre une planète, je crois : que signifie ce mot planète?

ELVIRE.

Il signifie errante; et je te dirai, dans un autre entretien, pourquoi on appelle de ce nom la terre, la lune et beaucoup d'autres corps célestes.

VALÉRIE.

Je te ferai souvenir de cette promesse. Ah ! nous voilà enfin au bout de la côte : il était temps !

ELVIRE.

Asseyons-nous un moment avant d'entrer dans l'église. Voyons ce que tu as dans ton panier : déjeûne et repose-toi.

VALÉRIE, *essuyant son front.*

Vraiment cette côte est un peu raide. Pourquoi donc le bon Dieu a-t-il fait des montagnes ? Si la terre était tout unie, on ne se fatiguerait pas ainsi à monter et à descendre.

ELVIRE.

Voilà une parole bien hardie et bien inconsidérée, ma chère amie : tout ce que le bon Dieu a fait est bien. Critiquer ses ouvrages est une témérité insensée et coupable Les inégalités de la surface de la terre en font les plus grands ornemens, les

plus admirables beautés. Rien égale-t-il la majesté de ces monts à la cime de glace, qui semblent, comme de magnifiques colonnes, soutenir la voûte azurée? Le firmament, brillant d'étoiles, se déploie sur leurs sommets de cristal ainsi qu'un éclatant pavillon; les arbres les plus beaux, le chêne au front superbe, le pin à l'éternelle verdure, le cèdre au religieux feuillage, les entourent comme d'un riche chapiteau. Leur front de neige, tantôt frappé des feux du soleil, offre les eaux étincelantes de l'opale et du diamant; tantôt se couvrant d'un voile d'épaisses vapeurs, il se dérobe à nos regards, qui le cherchent en vain dans les nuages. De là s'élancent impétueux ces fleuves, ces rivières, qui portent dans les campagnes la fraîcheur et la fertilité. Sans les montagnes y aurait-il des vallons? Verrait-on dans une terre unie cette immense variété de plantes, d'herbes et de fleurs? Les unes ne se plaisent qu'aux bords des ruisseaux, dans les gorges les plus enfoncées; les autres aiment à montrer leur tête gracieuse dans les plus froides régions, sur les écueils et les roches inaccessibles. A celles-ci il faut les tièdes haleines des zéphyrs ; à celles-là, les rudes caresses de l'aquilon.

VALÉRIE.

Allons ! je faisais tout à l'heure comme l'homme de la fable que papa m'a apprise hier.

ELVIRE.

Veux-tu, mon amie, me réciter cette fable?

VALÉRIE.

De tout mon cœur ! la voici :

Le Gland et la Citrouille.

FABLE *.

Dieu fit bien ce qu'il fit. Sans en chercher la preuve
En tout cet univers et l'aller parcourant,
Dans les citrouilles je la trouve.

Un villageois considérant
Combien ce fruit est gros et sa tige menue,
A quoi pensait, dit-il, l'auteur de tout cela ?
Il a bien mal placé cette citrouille là

* La Fontaine, liv. IX.

Eh! parbleu! je l'aurais pendue
A l'un des chênes que voilà.
C'eût été justement l'affaire :
Tel fruit, tel arbre, pour bien faire.
C'est dommage, Garo, que tu n'aies point entré
Au conseil de celui que prêche ton curé!
Tout en eût été mieux : car pourquoi, par exemple,
Le gland, qui n'est pas gros comme mon petit doigt,
Ne pend-il pas en cet endroit?
Dieu s'est mépris. Plus je contemple
Ces fruits ainsi placés, plus il semble à Garo
Que l'on a fait un quiproquo.
Cette réflexion embarrassant notre homme;
On ne dort pas, dit-il, quand on a tant d'esprit.
Sous un chêne aussitôt il va prendre son somme,
Un gland tombe. Le nez du dormeur en pâtit.
Il s'éveille, et portant la main à son visage,
Y trouve encore un gland pris au poil du menton.
Son nez meurtri le force à changer de langage.
Oh! oh! dit-il, je saigne; et que serait-ce donc
S'il fût tombé de l'arbre une masse plus lourde,
Et que ce gland eût été gourde?
Dieu ne l'a pas voulu : sans doute il eut raison.
J'en vois bien à présent la cause.
En louant Dieu de toute chose,
Garo retourne à la maison.

ELVIRE.

Elle est bien jolie, cette fable, et tu la dis on ne peut mieux.

VALÉRIE.

Papa me l'a fait d'abord bien comprendre, puis il m'a appris à la bien dire. J'étais tantôt aussi sotte que M. Garo. Il eût été bien attrapé si le bon Dieu eût fait croître des citrouilles sur le chêne : je le serais tout autant s'il faisait disparaître ces montagnes qui nous offrent de si jolis points de vue, qui abritent les vallons, et donnent naissance à ces belles eaux qui rendent le nôtre si frais et si agréable.

ELVIRE.

Je n'ai rien à ajouter, ma chère, à la leçon que tu te donnes à toi-même. Continue à profiter des utiles enseignemens que renferment toujours les fables ou les petites pièces de vers dont ton papa prend plaisir à meubler ta mémoire. C'est surtout pour nous rendre bons et sages que nous devons chercher à nous instruire.

Ce que je t'ai dit sur les montagnes et les avantages infinis qui résultent pour nous de leur existence, est bien peu de chose auprès de ce que j'aurais à te dire encore. Mais on sonne l'*angelus*. Entrons dans la chapelle, nous reprendrons un peu plus tard cette conversation.

VALÉRIE.

Oui, allons prions prier Dieu! Je veux le prier pour ma bonne Elvire, qui me procure tant de plaisir en me parlant de lui et de ses œuvres.

ELVIRE.

Aimable et chère enfant, qu'on est heureux de te donner des soins! Que ne puis-je voir tous mes jours s'écouler ainsi près de toi dans cette paisible retraite et dans ces doux entretiens!

TROISIÈME ENTRETIEN.

(Suite du précédent.)

Du déluge, des volcans.

ELVIRE.

Un homme illustre *, un ami de la nature, qui a passé sa vie à l'étudier et à en écrire l'histoire, dit, en parlant du sujet qui nous occupait tout à l'heure : « Les inégalités qui » sont à la surface de la terre, et qu'on » pourrait regarder comme une imperfec- » tion à la figure du globe, sont en même » temps une disposition favorable et qui » était nécessaire pour conserver la végéta- » tion et la vie sur le globe terrestre. Il » ne faut, pour s'en assurer, que se prêter

* Buffon.

» un instant à concevoir ce que serait la terre
» si elle était égale et régulière à sa surface.
» . . . .
» Une triste mer couvrirait le globe entier,
» et il ne resterait à la terre, de tous ses
» attributs, que celui d'être une planète
» obscure, abandonnée, et destinée tout au
» plus à l'habitation des poissons. (« Théorie de la Terre, Hist. Nat., t. 2.)

Tel était peut-être, en effet, l'état de ce globe au premier *jour de la création*, alors que d'épaisses ténèbres le couvraient, et qu'il n'était qu'une masse *informe* et *vide* * ; mais alors la terre n'avait à nourrir ni animaux ni végétaux. On peut croire qu'au *troisième jour*, lorsque Dieu, d'une parole, sépara les eaux d'avec l'*aride* ou la terre, et qu'il ordonna à celle-ci de produire des herbes et des plantes ; quand les eaux, à la voix du Créateur, se précipitèrent obéissantes dans le vaste lit qu'il leur avait creusé, et que les deux hémisphères se montrèrent

* Expressions de la Genèse.

comme deux grandes îles sur la double face du globe, on peut croire que dès ce moment, la terre présenta des élévations et des dépressions semblables à celles que nous voyons aujourd'hui et que nous nommons montagnes et vallons. Sans ces inégalités le globe n'aurait pas été propre à la production et à la conservation de la plupart des êtres que Dieu voulut y placer. Le sol que les eaux laissèrent à nu ressemblait probablement à celui qu'elles continuèrent à couvrir ; et l'on sait que le fond de la mer est hérissé d'écueils, percé de gouffres, en un mot, couvert d'aspérités comme la surface de la terre. Ce qui prouve encore qu'il devait y avoir des montagnes dans un temps fort rapproché de celui de la création *du monde que nous habitons*, c'est que l'Écriture-Sainte nous dit que le Paradis terrestre (séjour délicieux où Dieu mit Adam, le premier homme, et Ève, la première femme) était arrosé par plusieurs grands fleuves : ces fleuves devaient avoir leurs sources dans des montagnes.

VALÉRIE.

Les fleuves coulent donc des montagnes?

ELVIRE.

Oui, les montagnes ont la propriété d'arrêter les vapeurs qui s'élèvent de la mer. Réunies dans ces lieux élevés, les vapeurs y forment des lacs ou des glaciers, selon la température qui y règne. Ces sortes de réservoirs donnent naissance à des ruisseaux qui, en se joignant, forment des rivières et des fleuves. Tu sais la différence qu'il y a entre...

VALÉRIE.

Tu me l'as dit plusieurs fois. Les rivières se déchargent dans les fleuves, et les fleuves vont, sans perdre leur nom, jusqu'à la mer, ou plutôt jusqu'à *une mer;* car il me paraît qu'il y en a un grand nombre. Tu m'as dit, par exemple, que la Seine se jette dans la *mer de la Manche,* que la Loire se jette dans l'*Océan;* le Rhône, dans la *Méditerranée* : tu m'as nommé encore beaucoup d'autres mers.

ELVIRE.

Il est vrai. Cependant, à parler avec exactitude, il n'y a qu'une seule grande mer, qui entoure le globe, et dans laquelle les continens sont situés ; mais on en distingue les diverses parties par des noms différens. Autour du pôle du nord, elle prend celui de *mer Glaciale ;* entre l'Europe et l'Afrique, d'un côté, et l'Amérique, de l'autre, celui d'*océan Atlantique ;* on appelle *mer Pacifique*, la partie qui est entre l'Asie et l'Amérique, et *mer des Indes*, celle qui est au midi de l'Asie : voilà les quatre principales mers. Il y en a de plus petites, dont je t'apprendrai les noms un peu plus tard. Mais, comme je viens de te le dire, toutes ces mers ne sont que les diverses parties d'une seule, qui, sous différens noms, couvre plus de la moitié du globe.

VALÉRIE.

Mais si tous les fleuves versent leurs eaux dans cette mer, elle doit grossir à chaque instant. Il me semble qu'à la fin il faudra qu'elle sorte de son lit et inonde la terre.

ELVIRE.

Cela arriverait sans doute si la mer, par diverses causes, ne perdait continuellement une partie de ses eaux. Une certaine quantité, par exemple, s'évapore et forme des nuages. Ces nuages attirés, comme nous l'avons vu, par les montagnes, s'y réduisent en eaux ou s'y condensent en glaces, et....

VALÉRIE.

Ah! je comprends : les eaux de la mer s'en vont aux montagnes, et les eaux des montagnes s'en retournent à la mer. Mais, Elvire, tu me dis maintenant que les montagnes sont si vieilles, et l'autre jour tu m'en as fait remarquer une toute noire, en me disant qu'elle n'existait que depuis peu d'années.

ELVIRE.

Il y en a de diverses dates. Les unes

existent de temps immémorial; d'autres se sont formées en différens temps et par différentes causes. La terre, depuis que Dieu l'a donnée pour habitation au genre humain, a été travaillée par beaucoup d'événemens : le plus important fut le déluge, qui arriva environ quinze cents ans après la création de l'homme.

VALÉRIE.

Qu'est-ce donc que le déluge?

ELVIRE.

Une grande inondation.

VALÉRIE.

Toute la terre fut-elle inondée?

ELVIRE.

Oui, mon enfant. Tu dois avoir lu dans la Bible le récit de ce terrible événement. Mais peut-être n'as-tu pas fait cette lecture avec attention, et l'as-tu oublié?

VALÉRIE.

Elvire, dis-moi cette histoire-là, je t'en prie : j'oublie souvent ce qu'on me fait lire, mais jamais ce que tu me racontes.

ELVIRE.

Les hommes, que Dieu avait créés bons et heureux, devinrent méchans, si méchans, que Dieu voulut les punir d'une manière terrible. Voici comment la sainte Ecriture parle de ce grand acte de justice du Créateur, irrité par l'ingratitude de ses créatures.

L'an du monde 1536, à peine Adam était-il mort, que la malice de ses enfans était déjà portée à un tel excès, que Dieu ne la pouvait plus souffrir. *Il vit avec une douleur profonde que les hommes ne pensaient qu'au mal, et, ne reconnaissant plus en eux aucune trace de son ouvrage, il se repentit de les avoir créés.* Mais parmi tant de criminels il se trouva un juste. Noé trouva grâce devant Dieu. A cause de lui, le genre humain ne fut pas anéanti sans retour. Le

Seigneur déclara donc à ce juste qu'il avait résolu de punir la terre par un déluge universel ; mais que lui, Noé, s'étant séparé des autres hommes alors qu'ils taisaient le mal devant le Seigneur, en serait également séparé au moment où ces pervers recevraient le châtimens de leurs crimes. Il lui ordonna en conséquence de construire une arche ou grand vaisseau carré, et lui marqua exactement la forme, les proportions qu'elle devait avoir. Noé fit ce que le Seigneur lui ordonnait. Il travailla cent ans entiers à la construction de l'arche, et durant tout ce temps il ne cessait d'avertir les hommes des malheurs qui les menaçaient, et de les engager à fléchir par leur repentir et leur conversion la colère du Seigneur. Mais les hommes méprisaient les avertissemens de Noé, et se raillaient de ses paroles.

Cependant les temps s'accomplirent et le jours des vengeances arriva. L'arche étant terminée, Dieu commanda à Noé d'y faire entrer sept couples de chaque espèce d'*animaux purs, et deux couples de chaque espèce d'ani-*

maux impurs. Ces choses étant faites, Dieu commanda à Noé d'entrer lui-même dans l'arche avec ses trois fils et les femmes de ses trois fils. Et lorsqu'ils y furent entrés, *Dieu lui-même ferma la porte* de cette arche de salut. Au même instant, toutes les cataractes du ciel fondirent avec impétuosité sur la terre. Les mers sortirent de leurs lits et tout fut couvert par les eaux. Elles dépassèrent de quinze coudées les plus hautes montagnes. Ces torrens de pluie tombèrent sans interruption durant quarante jours et quarante nuits. Les hommes, les animaux de la terre, les oiseaux du ciel, périrent. Tout ce qui avait vie fut étouffé dans les eaux ; tout excepté ce qu'enfermait l'arche. Elle voguait paisiblement sur les flots déchaînés et furieux. Leur violence et leurs efforts ne servirent qu'à l'élever davantage vers le ciel.

Enfin, Dieu fit souffler un vent très-fort pour sécher la terre, et peu à peu les eaux qui la couvraient s'abaissèrent. Onze mois après que le déluge eut commencé, Noé ouvrit la fenêtre de l'arche et lâcha un corbeau, qui ne revint pas. Peu après, il lâcha une colombe. Celle-ci n'ayant point trouvé une place sèche pour s'y reposer, retourna vers Noé, qui étendit sa main pour la recevoir, et la replaça dans l'arche. Le même oiseau, lâché de nouveau un mois plus tard environ, rapporta dans son bec un rameau d'olivier verdoyant, signe qui annonça à Noé la fin du déluge.

Noé et sa famille sortirent de l'arche une année après y être entrés par l'ordre de Dieu. Ils en firent sortir les animaux qu'ils y avaient enfermés avec eux. Ensuite, Noé offrit au Seigneur un sacrifice d'actions de grâces. Le Seigneur eut pour agréable ce sacrifice du juste Noé. Il lui promit que jamais le monde ne serait de nouveau détruit par un second déluge. Alors, Noé vit se dérouler dans les cieux un arc lumineux et peint de sept couleurs éclatantes. Et Dieu lui dit que ce brillant arc-en-ciel était le signe de l'alliance qu'il faisait avec lui et ses descendans.

VALÉRIE.

Le bon Dieu cette fois fut bien sévère.

ELVIRE.

Il l'est toujours pour ceux qui méprisent ses menaces et persévèrent jusqu'à la fin dans le mal. *Le Seigneur*, dit un grand saint, *est patient parce qu'il est éternel.* Mais après que sa miséricorde a duré long-temps, sa justice se fait sentir. Il ne serait point infiniment parfait, s'il n'était point infiniment juste, de même qu'infiniment bon. Nous voyons par le déluge que le grand nombre des coupables n'empêche point qu'il ne les punisse.

VALÉRIE.

Et comment la terre fut-elle donc repeuplée ?

ELVIRE.

Les trois fils de Noé s'en allèrent chacun dans un pays différent. Ils eurent tous trois des enfans qui, devenus grands, donnèrent la vie à d'autres enfans : la terre se repeupla ainsi.

VALÉRIE.

Et comment savons-nous qu'il y a eu un déluge?

ELVIRE.

Nous le savons d'abord parce que cet événement est rapporté dans la Bible, livre admirable, écrit par l'ordre et sous l'inspiration de Dieu lui-même. Mais d'ailleurs on trouve dans la nature des preuves matérielles de cette grande catastrophe. La terre, après quarante siècles, porte les traces, et, si l'on peut ainsi parler, les cicatrices encore béantes du coup terrible qui la frappa presque à sa naissance. On voit sur de hautes montagnes des poissons, des coquillages pétrifiés, qui prouvent que la mer les a couvertes; on trouve dans les entrailles de la terre, dans le cœur même des rocs et des minéraux les plus durs, des animaux fossiles d'espèce et de grandeur diverses : ces phénomènes singuliers, et mille autres dont j'aurai occasion de t'entretenir, attestent que quelque violente commotion a tourmenté la terre. En effet, pendant cette affreuse crise, des montagnes ont dû s'affaisser par l'ébranlement du terrain et de tout ce qui les composait; d'autres ont dû se former alors et depuis par l'amoncellement du sable, des débris d'animaux et de végétaux, des matières de toute espèce que les vagues entraînaient.

Ce n'est pas tout : depuis le déluge, bien des accidens, moins importans sans doute, mais cependant épouvantables, ont opéré sur le globe des révolutions partielles. Des cités ont disparu, renversées par des tremblemens de terre, et des provinces ont été dévorées par l'ardente lave des volcans. Ne t'ai-je pas fait voir sur la montagne de L*** le lac de Saint-F***, à la place duquel il y avait jadis une ville? Un affreux tremblement de terre ébranla le mont et en détacha le sommet, qui fut englouti dans les entrailles de la terre, ainsi que la cité dont il était couronné.

VALÉRIE.

On dit encore que dans cette ville il y avait un couvent, et dans ce couvent, une église avec un clocher aussi beau que celui de N***, et une cloche aussi grande que Caumont, et que bien souvent, au milieu de la nuit, on entend cette cloche qui sonne matines au fond de l'eau.

ELVIRE.

Il n'est sans doute pas besoin de te dire que c'est un conte. Mais revenons à ce dont nous parlions tout à l'heure, aux volcans et aux tremblemens de terre. Il y a en Italie, près d'une grande ville appelée Naples, une de ces montagnes brûlantes : on la nomme le Vésuve. Dans les temps ordinaires, l'aspect de ce volcan ne présente rien de très-frappant; c'est une hauteur de dimension médiocre, d'une forme conique (c'est-à-dire ressemblant à peu près à un pain de sucre) et d'une couleur uniformément cendrée. Le cratère ou bouche du volcan, dans ses momens de calme, exhale seulement des vapeurs qui ne sont même un peu sensibles que le matin et le soir. Alors on peut descendre sans danger dans le cratère. Mais à ces intervalles de repos succèdent les jours de violence et de fureur. Alors, malheur à tout ce qui avoisine le volcan? Il rugit, il gronde comme un tonnerre souterrain. La montagne s'ébranle et semble s'agiter sur ses profondes bases; elle vomit des torrens de flamme et de fumée, des fleuves de laves et de cendres, qui engloutissent et dévorent tout ce qu'ils atteignent. Ces terribles commotions s'appellent les éruptions d'un volcan.

La plus désastreuse des éruptions du Vésuve dont on ait gardé le souvenir, eut lieu l'an 79 de l'ère chrétienne. Plusieurs villes considérables, et, entre autres, deux dont les noms sont devenus fameux, Herculanum et Pompéia, furent englouties vivantes dans une mer de bitume enflammé, et sont demeurées, 17 siècles durant, enterrées sous une montagne de cendres ferrugineuses.

VALÉRIE.

Elles le sont bien encore, apparemment?

ELVIRE.

Non, mon amie; on les a, en partie du moins, exhumées de leurs tombeaux. On a pu reconnaître l'étendue de ces villes, leur enceinte, leurs rues, leurs temples, leurs bains, leurs théâtres encore remplis de spectateurs, qu'une mort si terrible avait surpris au milieu des divertissemens d'une fête. Dans les maisons, on a trouvé les meubles, les livres, les comestibles même, qui servaient à l'usage de leurs habitans. Dans chaque rue, dans chaque maison, des squelettes d'hommes, de femmes, d'enfans, d'animaux. Des hommes allant au bain, d'autres assis à table, des prêtres entourant un autel, et tenant encore dans leurs mains les instrumens du sacrifice. Un grand nombre de spectateurs rassemblés dans l'amphithéâtre, et tous frappés à la fois d'un commun et horrible trépas, voilà ce qu'ont offert après tant d'années ces villes mortes et silencieuses.

VALÉRIE.

Ah ! c'est affreux, mais c'est bien curieux : que je voudrais les voir, ces villes enterrées et puis déterrées !

ELVIRE.

Il dépend de toi de les voir : ton papa n'a-t-il pas le projet de faire l'année prochaine un voyage en Italie, et ne t'a-t-il pas promis de t'emmener, si à cette époque tu parles bien italien ? Profite donc des leçons que je te donne, et tu verras cette terre merveilleuse avec tout ce qu'elle renferme de prodiges. Les exhumations miraculeuses de la Campanie, le beau ciel de Naples, les chefs-d'œuvre des galeries de Florence, les flots bleus qui portent Venise, Venise la belle ! les admirables monumens de Rome et ses ruines plus admirables encore. Un peu d'application, mon ange, et tu verras tout cela !

VALÉRIE.

Comme je vais étudier mon italien, maintenant ! Elvire, dis-moi, veux-tu me faire traduire chaque jour une page de plus ?

ELVIRE.

Bien volontiers, mon cœur ! Le plaisir de voir l'Italie ne sera pas, au reste, le seul que tes progrès te procureront. Tu ne peux pas concevoir aujourd'hui tout le charme que tu trouveras lorsque tu seras grande à lire les vers harmonieux et sublimes du Tasse et d'Alfieri, les célestes poésies du Dante et de Pétrarque !

VALÉRIE.

Je puis me promettre d'avance beaucoup de plaisir de ces lectures, ma cousine, si j'en juge par celui qu'elles semblent te donner. Mais pour le voyage en Italie, papa y met encore une autre condition, comme tu sais, c'est que je commencerai à bien dessiner.

ELVIRE.

Il a bien raison d'y mettre cette condi-

tion-là. Il doublera par là le plaisir que te causera ce voyage. Comment voir tant de sites et d'objets ravissans, sans souhaiter d'en emporter une esquisse? Comment voir la baie de Naples ou les cascades de Tivoli, sans désirer d'en conserver dans son album au moins une imparfaite image qui rappelle l'impression que leur vue a causée?

VALÉRIE.

Les cascades de Tivoli? Je t'ai bien souvent entendu nommer cela; dis-moi donc ce que c'est?

ELVIRE.

Des chutes d'eau qui ressemblent à celles de Salles, mais qui sont incomparablement plus grandes et plus belles. Tu as vu celles de Salles, n'est-ce pas?

VALÉRIE.

Je les ai vues l'année passée, mais j'étais si petite alors! Je voudrais bien les voir encore et les voir avec toi.

ELVIRE.

Eh bien, mon amie, demain, si ton papa y consent, nous monterons à cheval et nous irons nous promener à Salles.

VALÉRIE.

Il y consentira, j'en suis sûre, et même je gage qu'il sera assez complaisant pour nous accompagner.

ELVIRE.

Je l'espère aussi. A demain donc cette jolie promenade?

VALÉRIE.

Oui, et quant à celle d'aujourd'hui, elle est finie. Nous voilà arrivées, tout en causant, à la porte de la maison.

QUATRIÈME ENTRETIEN.

Grottes, Cascades, Cataractes.

Par une délicieuse matinée de printemps, un petit groupe d'amis suivait une route sinueuse nouvellement ouverte à travers les flancs de roche d'une montagne escarpée. Ce chemin, non encore terminé, coupé en quelques endroits par d'énormes blocs que le salpêtre avait détachés de leurs antiques fondemens, obstrué dans d'autres par des monceaux de terre que de récens orages avaient entraînés, longeait un sombre et étroit vallon, au fond duquel coulait un rapide ruisseau. Ses eaux vives, abondantes, froides comme la glace, et claires comme le plus pur cristal, roulaient sous une voûte où diverses nuances de vert se fondaient et mutuellement s'embellissaient, comme dans un riche ouvrage de tapisserie dont une habile brodeuse a choisi et assorti les laines avec un goût exquis. L'aulne à la feuille lustrée et brillante, le saule aux doux et languissans rameaux, se mêlaient à de hauts peupliers d'Italie, qui çà et là élevaient leurs tiges droites, élancées, semblables aux flèches élégantes d'une église gothique, ou aux mâts d'un navire orgueilleux.

Bientôt nos voyageurs quittèrent cette route, et, tournaut à gauche, s'engagèrent dans une côte si difficile et si raboteuse, qu'à tous autres qu'à des montagnards, elle aurait paru absolument impraticable. En effet, les rochers, rompus en durs échelons, formaient une voie plus semblable à un rude escalier qu'à un chemin battu. Là pourtant, marchait d'un pas lent mais sûr un coursier, le plus pacifique et le plus prudent des coursiers, portant une femme et une jolie enfant de six à sept ans. La manière dont ces deux amazones étaient placées sur leur débonnaire monture, annonçait la plus complète ignorance de l'art de l'équitation. L'air de sécurité et d'insouciance avec lequel elles causaient, chantaient et riaient, en suivant cette route dangereuse, annonçait ou une confiance sans borne en l'intelligence de leur patient Bucéphale, ou une extrême indifférence de la vie..... Non !... Un homme à la physionomie noble, douce, à la tournure distinguée, aux manières remplies de grâce et de dignité, marchait à côté de leur cheval, le guidant du geste et de la voix, se tenant prêt à saisir les rênes au premier mauvais pas, à la moindre apparence de danger.

La sollicitude touchante empreinte sur les traits expressifs de M. de Montrol (c'était son nom), la tendresse qui brillait dans ses humides regards toutes les fois qu'il les fixait sur la jeune enfant que nous avons désignée, les inflexions passionnées de sa voix quand il lui parlait, tout cela disait clairement que cette enfant était sa fille, une fille unique et adorée, le seul objet sur lequel se réunissaient toutes les affections d'un cœur profondément sensible et douloureusement éprouvé.

Deux serviteurs et plusieurs chevaux suivaient à quelque distance. Une conversation un peu enfantine, mais fort animée, s'était établie entre nos trois voyageurs.

VALÉRIE.

Quand donc verrons-nous les cascades, papa ?

M. DE MONTROL.

Bientôt, ma fille. Dis-moi, en attendant, ce que tu as lu hier en italien.

VALÉRIE.

La description des cascades de Tivoli.

M. DE MONTROL.

Hé bien, qu'as-tu à m'en dire ?

VALÉRIE.

J'ai à vous dire, papa... voyons... D'abord, Tivoli est un endroit près de Rome.

Cet endroit s'appelait autrefois *Tibur*. La route par laquelle on s'y rend était nommée jadis la *voie Tiburtine*. Elle est bordée de monumens et de ruines intéressantes. Après avoir gravi des monts très-escarpés, on arrive dans un lieu où un temple antique attire d'abord l'attention. Près de là, une rivière nommée aujourd'hui le *Teverone* et autrefois l'*Anio* se précipite d'un grand rocher sur d'autres qui sont plus bas, et forme ainsi une première et magnifique nappe d'eau. Puis, se brisant sur les rochers de l'étage inférieur, elle s'y divise en plusieurs filets d'eau, qui forment autant de nouvelles cascades, petites, mais très-jolies, qu'on appelle *les cascatelles*. On dit que toutes ces ondes, avec leur bruit, leur écume, le beau ciel qui les surmonte et le beau paysage qui les encadre, font un effet ravissant que les voyageurs ne peuvent se lasser d'admirer.

ELVIRE.

Puisque tu rends si bien compte de nos lectures, mon amie, nous continuerons demain celle-là. Tu verras la description de ce qui prête à l'antique Tibur ses charmes les plus touchans , celui des souvenirs. C'est là que s'élevaient jadis la *villa* du plus grand des poètes de l'impériale Rome, et celle de son fidèle ami. Un peu plus loin vers le sud, était la fastueuse retraite d'Adrien, où la colonne de Corinthe s'élançait à côté de l'obélisque de Memphis, où se rencontraient étonnés le siècle de Sésostris et celui de Périclès, où brillaient les chefs-d'œuvre de tous les temps et de tous les pays.

M. DE MONTROL.

Oublions ces classiques souvenirs , Elvire, oublions les prodiges de la puissance et ceux des arts pour admirer les beautés de la simple nature. Je ne vous ai fait suivre ce sentier pénible que pour vous ménager une agréable surprise... Avancez de quelques pas encore... jusqu'à l'angle de ce rocher... maintenant, regardez ! Regarde, ma Valérie !

VALÉRIE.

Ah ! papa, combien d'eau ! Comme elle tombe ! Comme elle brille ! Que c'est beau ! C'est notre Tivoli, à nous !

Nos deux voyageuses mirent pied à terre. Elles étaient devant la principale des trois chutes d'eau de Salles-la-Source. Au lieu de rapporter les exclamations nombreuses qu'arracha à leur enthousiasme la vue de cette petite mais délicieuse cascade, nous allons rappeler la poétique description faite de ce lieu, quelques années auparavant, par une muse sensible autant qu'éloquente.

SALLES-LA-SOURCE.

. . . .

J'aime tes clairs ruisseaux, tes roches verticales,
De ton sol tourmenté les couches inégales.
J'aime tes frais côteaux de pampres ombragés,
Et tes triples hameaux sur l'abîme étagés.
J'aime ton ciel d'azur, tes retraites sauvages,
Et tes flancs caverneux sillonnés par les âges.
Qu'il était beau ce jour où mon pied voyageur
Du sentier tournoyant franchit la profondeur !

Alors c'était le temps où le souffle d'automne
Aux vergers dépouillés enlève leur couronne.
Du hêtre, du noyer, grandis en ces climats,
Les feuilles en tombant se froissaient sous mes pas ;
Et, et comme un doux regard qui dans l'âme flétrie
Dissipe la langueur et la mélancolie,
Des brouillards du matin perçant l'épais rideau,
Un rayon du soleil animait ce tableau.
Amitié, don du ciel, heureux trésor des sages,
C'est toi qui nous guidas sur ces lointaines plages !
Dirai-je que, tes soins prévenant nos désirs,
Pour enchanter notre âme et doubler nos plaisirs,
Tu nous fis arriver par des routes fleuries,
De surprise en surprise, au séjour des féeries,
Mon œil embrasse encor cet aspect ravissant.
Là d'abondantes eaux s'amassent en grondant,
Et du front sourcilleux de la roche hautaine
En arc de diamant s'élancent dans la plaine.

Leurs plis onduleux
Que le soleil dore,
Plus changeans encore
Que l'iris des cieux,
Se teignent des feux
Dont la fraîche aurore
Brille et se colore.
Un vaste bassin
Que le flot sillonne
Reçoit dans son sein
L'eau qui tourbillonne.
De tièdes vapeurs
Dans l'air balancées
Tombent nuancées
De mille couleurs.
Longeant la cascade,
Sous sa blanche arcade,
A peine effleurant
D'un pied frémissant
L'humide surface
Du rocher glissant.

Le voyageur passe,
Et l'eau du torrent
Bondit sur sa trace.
Mais quel est ce tranquille port,
Ce réduit enchanteur, qui, sous la roche nue,
Etonne et réjouit la vue?
Le scolopendre en tapisse le bord;
Le bouleau satiné, le groseiller sauvage,
Y cherchent la fraîcheur, y trouvent leur ombrage.
De cette grotte aux sinueux détours
Une mousse légère embrasse les contours
Par de longs filamens de soie,
Se suspend à la voûte et sous les pieds se ploie,
Telle qu'un chatoyant velours.
Ici l'œil n'aperçoit que verdoyantes routes,
Qu'opale, perle, diamant,
De la vaste coupole au loin se détachant.

. . . .

. . . .

Que je voudrais de mes jours ignorés
Borner ici la course solitaire!
C'est là, c'est sur ce coin de terre,
Qu'ils passeraient plus purs que les flots azurés
Sur l'arène mouvante en filons égarés.
Là, mes regards mélancoliques
Iraient se reposer au déclin d'un beau jour,
Tantôt sur les créneaux gothiques,
Et tantôt sur la vieille tour
De l'antique manoir qui borne ce séjour.
Dans les émotions d'un penser doux et triste,
Point n'oublirais la croix à l'ombre du noyer,
Du généreux pasteur le toit hospitalier,
L'église qu'il dessert, l'indigent qu'il assiste,
L'ami qui se réchauffe à son humble foyer,
Ni le petit jardin du bon séminariste,
Edem battu des vents, qui des flancs du rocher
Semble prêt à se détacher,
Lorsque du soir la lampe suspendue
Repose sur la nue

Ou glisse sur les flots comme un tissu d'argent,
J'irais me recueillir à la voix du torrent
Sous la roche où s'assied le pâtre
Je sonderais l'abîme; et les faibles courans
Qui vont grossir son eau blanchâtre
M'offriraient le tableau de nos rapides ans.
Poussés sur les écueils vers le gouffre des temps,
Si parfois l'amitié, doux charme de la vie,
Venait au fond de ces déserts
Interrompre ma rêverie,
Ces grottes, ces vallons, ces rochers dans les airs,
Ces gazons parfumés où tremble la rosée,
Me sembleraient plus beaux que l'Élisée
Et plus vastes que l'univers.

Mme C. S. J.

M. de Montrol et ses deux compagnes passèrent derrière le rideau brillant et irisé que la cascade formait devant l'entrée de la grotte, et pénétrèrent dans ce frais et charmant réduit. Là, à la requête de Valérie, quelques mets rustiques, mais délicieux, furent étalés sur un fragment de roche auquel la nature avait donné la forme d'une table : c'était un pain d'une couleur brune et d'un goût savoureux, certains gâteaux sans levain, fort en honneur dans les environs; c'était la fraise odorante des côteaux voisins, du miel recueilli dans le tronc d'un vieux chêne, et qui, par sa nuance *or pâle* et son parfum exquis, rappela à M. de Montrol celui de la Thessalie. Pour que rien ne manquât à ce petit banquet, un vin pétillant et rosé se mêla dans de jolies coupes de bois d'ébène à l'eau brillante de la cascade. Ce vin ne venait point des vignobles fertiles de la Champagne, mais de ceux de M. de Montrol. Et qu'elle était belle la salle du festin! avec quel luxe la nature avait pris soin de l'orner! Autour, les pétrifications imitaient des siéges, des demi-colonnes, des candelabres; à la voûte, elles représentaient des oiseaux, des fleurs, des arabesques. Mais comment rendre l'effet de cette éblouissante nappe de cristal qui se déployait à l'entrée, et qu'en ce moment un soleil ardent colorait des plus riches reflets.

Cette jolie grotte, dit M. de Montrol, me rappelle plusieurs de celles que j'ai vues dans mes premiers voyages en Suisse et en Italie.

VALÉRIE.

Ah ! papa, parlez-nous donc un peu de cela ?

M. DE MONTROL.

Je me souviens entre autres de la caverne de Balme, à l'entrée de la Savoie. Pour y parvenir, on a pratiqué dans le roc vif un sentier de deux cents pieds de long, qui va tournant et se repliant sur lui-même, si bien que de la vallée qu'il domine on ne le voit pas du tout, et que la caverne, située à une grande hauteur sur le flanc presque perpendiculaire de la montagne, semble tout-à-fait inaccessible : on y arrive toutefois, au moins à certaines époques de l'année, car cette curieuse grotte n'est point abordable dans toutes les saisons. Parvenu enfin à l'entrée de cette excavation, on la trouve fermée par une grille avec une forte serrure et une bonne clef.

VALÉRIE, *d'un petit air dépité.*

Méchant papa ! je le suis avec tant de

curiosité, et il me mène contre une vilaine grille pour m'y casser le nez.

M. DE MONTROL.

Apaisez-vous, mignonne; cette grille va s'ouvrir pour nous, moyennant trois francs que nous donnerons au locataire de la grotte, car le gouvernement sarde la loue huit cents francs par an. En entrant, et à côté de la porte, on trouve une spacieuse et belle salle : une grande ouverture permet au jour d'y pénétrer et à nos regards de s'égarer sur un pittoresque vallon, où l'Arve roule au loin ses flots sinueux. Remarquez dans ce salon cet arbre qui le tapisse de son feuillage, et qui allonge ses rameaux pour aller chercher de l'air à cette crevasse, comme un captif à la fenêtre de sa prison. A présent, passons dans la principale galerie. A la lueur vacillante des torches, nous la verrons tour à tour s'élargir, se resserrer, s'élever, s'abaisser : là, c'est un passage où il faut se glisser en rampant; ici, une voûte de sept cents pieds d'élévation couvre une magnifique salle, dont des marbres aux couleurs les plus variées forment les lambris, où les cristaux les plus brillans affectent les formes les plus bizarres et en même temps les plus agréables à la vue. Après avoir suivi d'autres galeries, admiré d'autres appartemens, que séparent entre eux des murs de stalactites, on arrive au bord d'un puits qui, dit-on, a six cents pieds de profondeur : il est au milieu de cette grande et curieuse excavation à laquelle les guides du pays donnent deux lieues de long : un lac en occupe une partie.

J'ai vu en Irlande la fameuse grotte de Saint-Patrice; celle du Chien, en Italie; dans la province de Darlay, en Angleterre, une grande et très-curieuse caverne, connue sous le nom de *Devil's Hole*, deux mots anglais qui signifient *trou du Diable*. Une foule de traditions superstitieuses et de légendes effrayantes se rattachent à ce lieu, d'où un torrent s'élance par une ouverture qui imite la porte d'une église gothique.

Durant mon voyage en Grèce, j'ai vu

dans l'ancienne Achaïe l'antre de Trophonius, célèbre jadis par ses oracles; quarante passages souterrains, aboutissant tous à une galerie principale, sillonnent les flancs d'une haute montagne.

Il serait trop long de te nommer toutes les carvernes que j'ai visitées dans mes lointains pélerinages. Dans les montagnes volcaniques, dans les lieux qui produisent du soufre, dans les contrées sujettes aux tremblemens de terre, ces excavations sont nombreuses. Ces retraites mystérieuses offrent un singulier intérêt. Là, elles inspirent une sorte de terreur, on les regarde comme des lieux hantés par de mauvais génies, on leur donne des noms qui épouvantent; ici, brillantes de l'éclat des plus riches métaux, veloutées d'une mousse moelleuse, entourées de rians paysages, elles ne rappellent que des idées gracieuses : la fable les donne pour asile aux bergers, aux nymphes, aux divinités des bois. Un antre sert d'entrée aux Enfers; une grotte, que tapisse une vigne chargée de ses beaux fruits, est l'habitation de Calypso ; dans un antre la Sybille rend ses oracles.

Mais combien sont plus grandes et plus poétiques encore les images que le Christianisme rattache à ces silencieux et sombres abris ! Ils couvrent de leur ombre les saints Anachorètes ; ils inspirent des chants à David et aux autres prophètes de Sion. Quand le grand jour de la rédemption du monde approchait, la grotte de Gethsemani entendit les soupirs d'agonie et recueillit les larmes douloureuses et la sanglante sueur de l'Homme-Dieu. Oh ! mon enfant, qu'il est riche de souvenirs, de sentimens et de méditations celui qui a vu ces rochers, ces antres sacrés !

VALÉRIE.

Papa, dans vos voyages vous avez vu aussi de belles cascades, n'est-ce pas ?

M. DE MONTROL.

Oui, ma fille, et principalement sur les Alpes. C'est là que de superbes rivières se précipitent du sommet des plus hautes montagnes, et forment en plusieurs endroits des cataractes qui rendent le voyageur muet d'admiration. Les unes tombent en pluie fine dans de fertiles et fraîches vallées, les autres se brisent avec fracas sur des rocs anguleux ou se perdent dans de profonds abîmes.

VALÉRIE.

Vous parlez souvent des Alpes, mon cher papa, c'est un joli pays sans doute?

M. DE MONTROL.

C'est une contrée où tout est imposant et grandiose; les monts aux formes indécises, aux cimes perdues dans les nuages; les rochers aux flancs caverneux, les arbres au front séculaire et mille fois frappés par la tempête. Mais les eaux, ce me semble, forment la plus belle des décorations de ce sublime théâtre. Là, durcies et condensées en glaces transparentes, elles servent de miroir au brillant soleil de l'Helvétie; ici, paisibles et nonchalantes, elles s'étendent en lacs spacieux, et leur tranquille azur repose mollement sur les plaines et dans les vallées, et porte avec un doux balancement les barques des glorieux enfans de Tell. Plus loin, torrens prodigieux, tonnantes cataractes, elles se roulent de rocher en rocher, comme un tonnerre harmonieux; se brisent et se réduisent en écume neigeuse, en poussière humide, en légères et flottantes vapeurs.

Mais les chutes d'eau les plus belles de l'univers, je les ai vues en Amérique. Ce sont celles du Niagara.

VALÉRIE.

Qu'est-ce que le Niagara, papa?

M. DE MONTROL.

Une fort grande rivière qui coule dans une partie de l'Amérique appelée le Canada. Cette rivière sort du lac Érié et se jette dans le lac Ontario. Dans son cours de dix lieues, elle forme trois cataractes, dont la principale, connue sous le nom de *cataracte du fer à cheval*, surpasse tout ce que l'imagination peut concevoir de plus magnifique en ce genre. Elle a plus d'un quart de lieue de largeur, et tombe perpendiculairement d'une hauteur de cent soixante pieds au milieu d'un voile diaphane de vapeurs semblables à une légère fumée, et avec l'impétuosité et le fracas de la foudre. Au-dessous, le fleuve bondit et tourbillonne d'une manière effrayante. Au-dessus, se déploie un brillant et mobile arc-en-ciel, qui, par un singulier prestige, semble se déplacer à mesure qu'on s'approche ou qu'on s'éloigne de la cataracte.

VALÉRIE.

J'aimerais bien voir cela ; je voudrais bien que nous eussions ici près quelque cascade comme celle-là.

M. DE MONTROL.

En général, ma chère, les choses de ce genre se trouvent principalement dans les pays où les hommes sont peu nombreux et la civilisation peu avancée. Dans de telles régions, le terrain est plus inégal qu'ailleurs; les lits des fleuves sont plus étendus et leur marche plus irrégulière. C'est en nettoyant les lits des fleuves et des rivières, en contenant leurs eaux, en les dirigeant avec beaucoup de peines et de travaux, qu'on parvient à leur donner un cours uniforme.

ELVIRE.

Le commerce y gagne, sans doute; mais combien le poète, le voyageur, le peintre, déplorent ces envahissemens de l'industrie!

M. DE MONTROL.

L'industrie a peut-être aussi sa poésie, Elvire. Je vous ai vue naguère en admiration devant la machine soufflante de D***. « Écoutez, me disiez-vous, écoutez la voix » de ces vents furieux! Ils rugissent, indi- » gnés de se voir ainsi maîtrisés par l'in- » dustrie humaine! » Vous parcouriez avec un intérêt visible ce vaste établissement. Vous ne pouviez assez vous étonner de voir une ville, là où quelques années auparavant il n'y avait qu'un terrain noirâtre, nu, infertile et inhabité. Vous me demandiez quel magicien avait frappé de sa baguette les flancs brûlans de la montagne pour en faire sortir ainsi instantanément des maisons, des ateliers, des palais!

ELVIRE.

Il est vrai que si les hommes n'avaient point déchiré la terre pour chercher dans son sein des minéraux plus ou moins utiles, plus ou moins précieux, nous ignorons une partie des dons que la bonté divine nous a faits.

M. DE MONTROL.

Oui, une partie essentielle.

ELVIRE.

Je vous avoue pourtant que les trésors renfermés dans les entrailles de la terre excitent moins ma curiosité et mon intérêt que les richesses végétales qui couvrent sa surface. Jamais un lingot d'or ou d'argent, une pierre, un minéral, enfin, quel qu'il soit, ne me dira ce que me dit la plus humble fleur de la prairie, le plus chétif insecte qui voltige au printemps.

M. DE MONTROL.

Lorsqu'on a étudié la nature, ma chère Elvire, on convient que la bonté et la grandeur de Dieu éclatent dans toutes ses œuvres. Dans le règne minéral, sa puissance se fait sentir d'une autre manière, mais non moins sensiblement que dans les deux autres.

VALÉRIE.

Papa, qu'est-ce que cela signifie, *le règne minéral?*

M. DE MONTROL.

On divise les êtres de la nature en trois grandes classes qu'on appelle *règnes*. Le *règne animal*, qui comprend les quadrupèdes, les oiseaux, les poissons, les reptiles, les insectes, enfin tous ces êtres qui ont le mouvement et l'instinct, qui *vivent* d'une vie à peu près semblable à la nôtre, et que tu entends appeler chaque jour du nom d'animaux, nom qui signifie qu'ils ont une *âme*, non pas une âme immortelle, comme la nôtre, mais une certaine intelligence, que nous appelons *instinct.*

Le *règne végétal* renferme les arbres, les plantes, les mousses, les fleurs, tout ce qui *végète*, c'est-à-dire qui *vit* attaché à la terre. Quelques végétaux sont doués de la faculté de se mouvoir ; mais leurs mouvemens, presque insensibles, sont fort différens de ceux des animaux. Il y a aussi quelques êtres qui semblent privés de cette faculté locomotive, et qu'on regarde néanmoins comme appartenant au règne animal. Ce sont des transitions d'un genre à un autre.

Le *règne minéral*, enfin, se compose des pierres, des marbres, des métaux et de tous les corps qui sont inertes et qui n'ont pas une vie que nous puissions apercevoir, de ces êtres qui sont ou qui du moins paraissent être dépourvus de toute sensibilité, et qu'on ne voit pas, comme les animaux et les végétaux, naître, croître, se reproduire, puis languir, vieillir et mourir.

VALÉRIE.

Papa, je pense comme Elvire que l'étude du règne végétal doit offrir plus d'intérêt que celle des deux autres. J'aime tant les fleurs !

M. DE MONTROL.

Hé bien, ma fille, je veux te procurer le plaisir d'en voir de très-belles et de très-rares. J'ai demandé à M. le comte d'Hermant la permission de visiter ses magnifiques serres.

VALÉRIE.

Ah ! papa, quand irons-nous les voir !

M. DE MONTROL.

Nous sommes attendus demain. Chemin faisant, nous effeuillerons quelques-unes de nos fleurs indigènes. Elles méritent d'être étudiées et admirées tout autant que les orgueilleuses étrangères qu'on entoure de tant de soins et d'honneurs.

Maintenant il faut quitter ces lieux. Le soleil commence à baisser, et nous avons une longue route à faire.

CINQUIÈME ENTRETIEN.

<>

Règne végétal. — Les fleurs.

Lorsque le printemps vient tirer la nature de la léthargie où la plongea l'hiver, quand tout s'éveille et se ranime au souffle embaumé des beaux jours, dans cette saison où le cœur palpite à battemens précipités, alors que mon âme éprouve cette exaltation, cet enivrement que produisent toujours sur moi la vue des fleurs, l'encens des prairies, une lumière étincelante et une chaude atmosphère, j'aime à parcourir les bois et les guérêts, à écouter au déclin du jour la voix du orrent et les chants des oiseaux ; il me emble que la vie m'est devenue plus légère, que le malheur un moment a oublié de peser ur moi.

Je lève des yeux humides vers le ciel, je énis son azur et sa sérénité ; je bénis la umière, premier et magnifique don du Créaeur, cette lumière qui m'éclaire pour adnirer tant de doux et gracieux objets, et surtout je bénis le Dieu qui fit tant de choses pour les délices de mes yeux et de mon ntelligence.

Je me regarde comme placé par sa main toute-puissante au milieu d'un vaste théâtre, où se succèdent sans relâche des scènes toujours nouvelles, quoique toujours les mêmes. Quelles majestueuses décorations le parent, ce théâtre, et que le poème qui s'y déroule est grand et sublime ! Le soleil s'avançant d'abord le front voilé d'une pourpre diaphane, et bientôt déchirant la rouge et transparente nuée pour se montrer dans tout son éclat ; les riches teintes de l'aurore, l'ardent rayon du midi, le manteau vaporeux du soir, le météore errant dans les ténèbres, la lune avec sa blanche lueur, les étoiles, la flamboyante comète, l'éclair qui sillonne la nue, la foudre qui la déchire, la grêle lançant, comme une artillerie aérienne, ses balles glacées et dévastatrices; l'arc radieux qui brille au ciel après l'orage, comme un sourire d'espérance sur un visage baigné de pleurs, voilà les scènes de ce théâtre, voilà ses décorations et ses acteurs.

Lorsqu'on envisage la nature sous ce point de vue, on se reprocherait comme une indifférence coupable et presque impie de rester inattentif à tant de merveilles, de ne pas chercher à étudier les œuvres de Dieu pour s'exciter sans cesse à la reconnaissance qu'on lui doit.

Quand on pense aux innombrables dons qu'il nous a faits, aux présens variés que nous apporte chaque saison, aux végétaux qui couvrent le globe, et dont la plupart servent à notre utilité ou à notre agrément; aux richesses minérales entassées dans le sein de la terre, et que l'industrie de l'homme en arrache pour les employer à tant d'usages divers, on ne trouve pas d'accent pour exprimer son admiration. Et quand on se dit : « Le Dieu vivant a semé partout la vie », et qu'on pense aux peuples sans nombre qui se meuvent à la surface de la terre et dans ses entrailles fécondes, qui remplissent et les profondeurs inconnues de l'Océan, l'admiration et l'étonnement redoublent. Mais si portant sa pensée plus loin encore on songe que notre planète n'est qu'une partie infiniment petite du grand univers que Dieu a fait, un monde errant au milieu d'un nombre immense de mondes semblables ou supérieurs à lui, l'esprit demeure anéanti sous le poids de l'infini : il éprouve ce qu'éprouvent nos yeux débiles quand ils essaient de se fixer sur le disque enflammé du soleil.

Et dans ces momens de stupéfaction, l'admiration lassée a besoin de se reposer sur quelque objet particulier de la création. Les plus humbles, les plus chétifs aux yeux du vulgaire, offrent encore un vaste champ aux

investigations de l'homme studieux. Voyez le patient naturaliste qui consume des années à l'étude d'une seule espèce d'insecte ; l'horticulteur, qui trouve l'emploi de toute une vie, et de toute une vie heureuse, dans les soins qu'il donne à ses fleurs chéries ! Oh ! les jouissances de ce dernier, je les comprends. Les fleurs me semblent ce que la main du Créateur a jeté de plus gracieux dans la nature matérielle. Aussi en a-t-on fait les symboles de tout ce qu'il y a de plus aimable et de meilleur dans le monde. L'innocence, le bonheur, la pureté, ont des fleurs pour emblèmes. Les fleurs s'effeuillent sous les pas du conquérant ; elles ornent le front de la nouvelle épouse et celui de la vierge qui se consacre au Seigneur. Dès les premiers jours du monde, elles ont paré les autels de la Divinité.

La petite Valérie et Elvire avaient comme moi un amour passionné pour ces fraîches filles du printemps.

Vers la fin du jour qui suivit celui qui s'était si doucement écoulé à Salles-la-Source, nos deux amies et M. de Montrol entraient dans une riante enceinte, où un de leurs voisins, vieillard aimable et habile horticulteur, avait réuni en grand nombre des plantes précieuses et agréables.

M. d'Hermant, c'est ainsi qu'il se nommait, accueillit gracieusement ses hôtes, et ce fut avec une visible satisfaction et un naïf orgueil qu'il leur montra son jardin.

Il était en pente douce, très-vaste, coupé par plusieurs terrasses, et il dominait une vallée fertile et pittoresque, qui, n'en étant séparée que par une haie de houx et de rosiers, semblait en faire partie. Les regards s'égaraient avec délices sur un lointain tout de verdure, d'ombre et de fraîcheur, puis se reposaient doucement sur de hautes montagnes aux blanches cimes, qui, dans le fond de l'horizon, se déployaient en amphithéâtre, et enfermaient dans leurs bras cette paisible solitude.

M. de Montrol, Elvire et la petite Valérie jouirent un moment de ce coup-d'œil enchanteur; mais M. d'Hermant les tira bientôt de l'extase contemplative où ils étaient plongés, et s'empressa de les conduire vers ses fleurs favorites, l'objet de ses soins les plus assidus, l'honneur de son jardin, vers ses magnifiques planches de tulipes.

Que Valérie était joyeuse de voir ces fleurs si éclatantes et si variées ! M. de Montrol, après en avoir admiré plusieurs, s'arrêta devant une d'elles qui lui parut plus belle qu'aucune des autres. Elle était d'une forme parfaite : son calice était régulier et élégant. Deux couleurs bien distinctes ressortaient sur un fond blanc satiné, et les onglets, c'est-à-dire le bas de chaque pétale, étaient d'un blanc pur.

Hé bien ! qu'en dites-vous ? s'écria M. d'Hermant au comble de la joie.

M. DE MONTROL.

Elle est admirable, et me rappelle une curieuse anecdote que j'ai lue dans un recueil périodique fort amusant *.

* Le *Journal des Femmes*.

M. D'HERMANT.

Oh! il fut un temps où le goût des tulipes était poussé jusqu'à une sorte de frénésie. Aujourd'hui on ne s'inquiète pas ainsi d'une fleur. Moi cependant j'avoue que mon jardin me fait passer des momens de véritable bonheur : c'est ma plus chère distraction.

M. DE MONTROL.

Ce goût vous honore, M. le comte; plus d'un sage a trouvé dans la culture des fleurs un agréable délassement à de graves et utiles travaux. On sait combien l'illustre et vertueux Malesherbes aimait ses roses. Mais les goûts les plus louables, poussés à un certain excès, peuvent devenir ou funestes ou ridicules. Quant à mon anecdote, la voici :

« Un fleuriste de Harlem avait une tu-
» lipe, une tulipe sa joie et son orgueil. »
(Elle ressemblait parfaitement à la vôtre, si la description que j'ai lue est exacte.)

« Il passait des journées entières à la con-
» templer, et chaque jour il y découvrait
» de nouvelles beautés. Aux premiers jours
» de juin, quand la fleur était flétrie, il la
» déterrait, débarrassait la bulbe des petits
» caïeux qui l'entouraient, et les plaçait
» dans un endroit bien sec, puis attendait
» le mois de mai. Et on l'enviait, et on le
» haïssait, car il était heureux !

» Un jour, un voyageur auquel il avait
» montré sa tulipe, lui apprit que la pareille
» existait à Paris, au faubourg du Temple.

» La vie de notre homme fut dès lors
» empoisonnée : sa tulipe avait perdu tous
» ses attraits.

» Enfin, il n'y put plus tenir. Il partit
» pour Paris, paya la tulipe ménechme trois
» mille francs, l'écrasa sous ses pieds, et
» revint heureux, sûr que la sienne était
» unique. »

M. D'HERMANT.

Ce trait de folie ne m'étonne pas. Ce goût des tulipes, qui fut un moment une mode, a fait faire plus d'une extravagance semblable. Mais moi, qui aime ces fleurs sans être ainsi jaloux de les posséder seul, j'offre à mademoiselle Valérie de lui garder des ognons de mes plus belles espèces.

VALÉRIE.

Ah ! je vous en serais bien obligée, monsieur ; que mon petit jardin va être joli l'année prochaine ! Mais il faudra encore que vous ayez la complaisance de m'apprendre comment on cultive ces belles fleurs.

M. D'HERMANT.

Rien n'est plus facile ni plus simple, ma jolie petite voisine. Au mois d'octobre, après avoir bien ameubli une planche proportionnée au nombre d'ognons que je vous donnerai, vous les placerez dans des rayons espacés de six pouces et profonds de deux. Il faudra les enfoncer entièrement en les mettant à cinq ou six pouces les uns des autres ; vous aurez soin de mettre les plus petits ognons au premier rang ; ceux qui seront un peu plus forts au second, et ainsi de suite, pour présenter une gradation agréable à la vue. Il est bon que les planches soient élevées un peu au-dessus des sentiers, pour qu'elles soient à l'abri de l'humidité. On peut soutenir la terre comme pour les planches de jacinthes, et leur donner les mêmes soins après l'hiver. A l'époque des fleurs, on peut, pour prolonger leur durée, les couvrir de berceaux sur lesquels on étend des toiles ou des nattes.

Les belles tulipes, comme celles-ci, se mettent en planche, les plus communes se mettent en bordure. Vous voyez que j'ai entouré ces compartimens de tulipes roses et de tulipes doubles. Celles que vous voyez là-bas dans ces vases sont des tulipes simples. C'est la seule espèce qu'on puisse élever en pots. Il faut à toutes les autres une terre abondante et très-peu d'humidité.

Parmi les tulipes panachées, en voici une fort estimée : on lui a donné le nom de *marguelina*. Sa voisine s'appelle l'*agathe*. Celle que vous voyez auprès de ce rosier est une variété que j'ai obtenue. Je l'ai baptisée la *myrthé*, du nom d'une jeune et charmante dame depuis peu fixée dans nos environs. Cette autre, paille et hortensia, s'appellera, si vous le trouvez bon, la *valérie*, et celle qui la suit, l'*elvire*.

Maintenant, voyons un peu mes œillets. Cette fleur-ci, comme vous le savez, demande beaucoup de soins. Le chantre aimable du printemps * dit :

Le tendre œillet est faible et délicat.
. . . .
Veillez sur lui, que sa fleur élargie
Sur le carton soit en voûte arrondie.
Coupez les jets autour de lui pressés ;
N'en laissez qu'un : la tige en est plus belle.
Les autres brins, dans la terre enfoncés,
Vous donneront une tige nouvelle,
Et chaque jour ces rejetons naissans
Remplaceront leurs frères vieillissants.

Voici l'*œillet des bois*, qui fleurit l'hiver même, pourvu qu'on ait soin de le préserver du froid ; l'*œillet des fleuristes*, qui a une odeur de clou de girofle ; l'*œillet des poètes*, dont les fleurs réunies en touffes

* Parny.

forment de charmans bouquets. Je ne vous nommé point les autres ; j'en ai plus de soixante espèces, sans compter les variétés.

ELVIRE.

Quel délassement plein de charmes vous avez choisi, monsieur, et que votre retraite est délicieuse ! Il est doux de passer ainsi une partie de son temps au milieu des fleurs.

M. D'HERMANT.

Voici l'heure du jour où il est le plus agréable de les voir et de les respirer. Une eau bienfaisante vient d'étancher leur soif, de ranimer leur fraîcheur. Elles ouvrent leurs calices aux brises du soir, et, radieuses, semblent dire au soleil un doux adieu, en exhalant leurs plus suaves parfums.

En effet, l'air, qui tout le jour avait été brûlant, était alors frais et balsamique. Les zéphyrs murmuraient dans le feuillage des arbres d'agrément qui, disposés en berceaux, en allées, en massifs, embellissaient ce lieu charmant. On s'enivrait du parfum des roses, de la tubéreuse, des jonquilles. Le jasmin et le chèvrefeuille s'enlaçaient autour des treilles disposées pour soutenir leurs souples et faibles tiges, et s'arrondissaient en voûte fraîche et embaumée. L'Iris, la marguerite-reine, le lis éclatant et majestueux, la violette à la teinte pâle, au port humble et doux, formaient un délicieux mélange de couleurs et de senteurs. Des lilas et quelques oliviers odorans de la Chine se groupaient autour d'un tertre de gazon, sur lequel un myrthe d'une grandeur et d'une beauté extraordinaires balançait ses suaves rameaux, en jetant autour de lui une neige de fleurs.

M. d'Hermant conduisit ses hôtes dans sa pépinière de rosiers. Il leur en fit remarquer une foule, tous d'espèce différente, tous d'une extrême beauté.

Voici, leur dit-il, le rosier *Bengale rouge :* ses fleurs sont moins odorantes que la plupart des autres espèces de roses; mais on les aime pour leur belle couleur pourpre. Le *Bengale blanc*, qu'on appelle aussi *rosier des Indes*, donne pendant l'été, et presque tout l'automne, des fleurs d'un pâle mais doux incarnat.

Ce grand rosier de huit pieds de haut est indigène et très-commun dans nos provinces méridionales; ses fleurs nombreuses et d'un blanc de lait ne s'ouvrent jamais parfaitement. Admirez ces rosiers nains avec leurs fleurs mignones, délicates et disposées en guirlandes. Le rosier mousseux est un de ceux que je préfère. Mais c'est assez : approchons de cette pièce d'eau. Non loin du bosquet de rosiers était un vaste bassin dont l'eau, d'une parfaite limpidité, n'était point resserrée dans une prison de marbre, mais entourée d'une ceinture de verdure et de fleurs. Des nimphœa de diverses espèces suspendaient sur cette onde paisible leurs corolles de neige, d'azur, d'or, et d'une nuance rosée. Des saules l'ombrageaient de leurs rameaux pleurans. Des cygnes au blanc plumage voyageaient sur cette onde enchantée, et semblaient se complaire au milieu de ces plantes élégantes et belles comme eux.

Valérie demanda à son père le nom des fleurs aquatiques qu'elle voyait.

M. DE MONTROL.

Celle dont les larges feuilles sont dentelées, et dont la tête gracieuse repose si mollement sur les eaux, est le *lotus d'Egypte*, qu'ont tant chanté les poètes orientaux. Ils l'appellent d'un nom qui en arabe signifie *l'épouse du fleuve*. Voici à côté la *nymphœa ceruloea*, aux fleurs d'un bleu céleste. Celle-ci, d'un rose charmant, s'appelle la *nymphœa nelumbo*, de l'Inde. Cette autre à grandes fleurs blanches est commune dans les rivières et les canaux du midi de la France, mais n'en produit pas moins un effet agréable au milieu de ses sœurs. Le nom générique est *nymphœa*, fleur *des nymphes*.

M. D'HERMANT.

Entrons maintenant dans l'orangerie.

VALÉRIE.

Jamais je n'ai vu un si grand nombre de jolis arbustes. Voulez-vous m'en apprendre les noms?

M. D'HERMANT.

Voyez d'abord ces limoniers chargés de leurs fruits ; cet arbuste, dont le parfum imite celui de l'ananas, vient de l'Amérique. Mais ce que j'aime le mieux est une collection d'orangers. J'en ai réuni vingt espèces ou variétés. Voici le bel *oranger-grenade* ou *oranger de Malte;* celui-ci s'appelle *poire du commandeur*, parce que la coupe du fruit sur la largeur représente une croix de Malte. Remarquez l'*oranger à fruit violet*, l'*oranger à feuilles de myrthe*, l'*oranger turc*, dont les feuilles sont bordées de blanc.

La culture de l'oranger et celle du citronnier est la même. Ces deux arbres sont originaires de l'Inde et de la Chine. Pour les conserver dans nos climats, il faut des soins minutieux et assidus ; il faut avoir une serre exposée au midi, bien fermée, chaude et matelassée comme celle-ci. Les orangers, en toute saison, doivent être rentrés le soir, et même durant le jour, dès que le temps se refroidit. L'hiver, on ne les sort pas du tout.

S'il était moins tard, je vous proposerais de voir ma seconde serre remplie de plantes américaines.

M. DE MONTROL.

Nous serons forcés de remettre cette visite à quelque temps d'ici ; je vais partir demain pour V***, et mon absence durera au moins trois mois.

Le lendemain fut un jour de tristesse pour Valérie et Elvire. Elles partirent avec M. de Montrol pour la ville voisine, où des affaires importantes les retinrent trois mois entiers. Que ce temps sembla long à nos deux amies ! Avec quelle joie elles revinrent aux premiers jours de septembre dans leur vallon chéri ! Avec quel transport elles saluèrent les côteaux alors couverts de grappes mûres et vermeilles !

Dans les prairies et les jardins, on voyait encore çà et là quelques fleurs rares, et pour la plupart sans odeur, au milieu desquelles le tritoma à grappes se faisait remarquer par sa haute tige et ses boutons d'un vermillon éclatant et disposés en épis. Quelques violettes des Alpes déployaient aux brises d'automne leurs pétales veloutés, et des belles-de-nuit, blanches, jaunes, panachées, ouvraient leurs calices à l'approche du soir. Enfin, la jolie rose blanche du Bengale était là aussi pour rappeler encore mieux le printemps.

Le jour qui suivit celui de leur arrivée, Elvire, Valérie et M. de Montrol se promenaient au bord d'un ruisseau qu'ombrageait un vert rideau de peupliers. Elvire aperçut dans le gazon une petite fleur bleue, et s'écria : Ah ! voici la myosotis, ma fleur chérie ; elle a survécu au printemps ; elle est restée là pour nous réjouir à notre retour.

M. DE MONTROL.

Ne l'appelez pas de son nom classique, Elvire; j'aime mieux celui que lui donnent les Anglais et les Français : *forget me not*, ou *souvenez-vous de moi.*

ELVIRE.

Vous avez raison, et c'est sous ce dernier nom, sous ce nom vulgaire que je vais la classer.

Et Elvire écrit sur son album ces lignes aussi simples que la modeste fille des champs qui les inspirait :

Souvenez-vous de moi.

Qu'avec plaisir, ô fleur pâle et charmante,
Je te retrouve dans ces lieux!
Plus que l'éclat de la rose naissante
Ton faible azur plaît à mes yeux.
Pour embellir un dernier jour d'automne,
Le printemps te laisse après soi.
J'aime ce nom, ce doux nom qu'on te donne
Souvenez-vous de moi!

Mon œil distrait, errant dans la prairie,
T'a reconnue avec transport.
Suis-moi, rappelle à mon âme attendrie
Les momens passés sur ce bord !
Mais, non, fleuris, et meurs sur ces rivages ;
J'y voudrais mourir près de toi...
Vous tous, ô vous dont j'emporte l'image,
Souvenez-vous de moi !

Toi que j'ai vue au fond du noir abîme,
Auprès de l'antre du torrent ;
Du vieux rocher, toi qui pares la cime
Et les murs du saint monument,
Si l'on revient visiter l'ermitage,
Qu'un doux regard tombe sur toi !
Vous qui ferez le saint pélerinage,
Souvenez-vous de moi !

Vous reverrez la chapelle pieuse,
L'autel où nous avons prié,
Le bois, le mont, l'antre, l'onde écumeuse,
Moi, je n'aurai rien oublié.
Dites-vous bien que, d'ennuis oppressée,
Du destin j'accuse la loi,
Que près de vous erre encor ma pensée :
Souvenez-vous de moi !

Ma voix s'éteint : mon luth, que j'abandonne,
Exhale ses derniers accords.
Roseau brisé, jouet des vents d'automne,
Ils m'entraînent sur d'autres bords.
Près de revoir le monde et ses orages,
Mon cœur frémit d'un vague effroi...
Ah ! sans retour, si je fuis ces rivages,
Souvenez-vous de moi !

SIXIÈME ENTRETIEN.

(Suite du précédent.)

Culture de la vigne, du blé. — Amour de la patrie.

Les côteaux sont à demi dépouillés de leurs trésors. Les vendanges, les bruyantes vendanges s'achèvent. Octobre, le mois des chansons, des danses et des travaux joyeux, octobre, dans ces climats, le plus riant des mois, s'enfuit et va nous quitter. Il s'enfuit avec ses grappes pourpres et vermeilles, avec ses fruits abondans et savoureux, ses belles et longues soirées et la folle gaîté qui marche sur ses traces.

Voici venir novembre avec un cortége plus paisible, un soleil plus voilé, un aspect plus grave

Salut à toi, mois des frimats? Ce nom t'appartient dans nos nébuleuses provinces du nord, où tu reviens sombre et glacé. Mais tu es beau dans la contrée que maintenant j'habite, dans l'heureuse patrie que j'ai retrouvée! Ton soleil affaibli, mais encore chaud, jettera sur nos coteaux chéris des reflets d'un rose pâle et doux comme les couleurs de l'aurore. Oh! viens avec la guirlande de fleurs tardives et de feuilles jaunies, avec le murmure de tes brises, la teinte indécise de ton ciel vaporeux, avec tes nuages aux vagues contours et ta tristesse aimable et touchante comme un souvenir de bonheur!

Mois des longues promenades solitaires, mois de recueillement et de méditations, je bénis ton prochain retour! S'il est vrai que je t'ai toujours aimé, si toujours tes pampres flétris et rougeâtres, tes collines sans fraîcheur, tes arbres sans parure, m'ont trouvée plus sensible à leurs charmes mélancoliques que je ne le fus, même aux charmes enivrans de mai, le joli mois des fleurs, ô novembre, ne m'apporte que des rêveries doucement tristes comme toi, et non d'accablantes douleurs ! ne sois pas pour moi l'époque redoutée d'une séparation pleine d'angoisses !

Et toi, où peut-être ma destinée m'appelle, ô Lusitanie, qu'avec transport je saluerais tes rives, si pour les voir il ne fallait m'arracher à de si tendres affections ! Il est doux de respirer dans tes brises suaves les émanations des fleurs de l'oranger; il est doux de voir s'ouvrir, aux rayons de ton ardent soleil, la grenade purpurine et le fruit amer de l'olivier. Il est doux de parcourir les bords de ce fleuve aux belles eaux, de ce Tage que Byron a chanté, de gravir tes montagnes de granit et de marbre, de parcourir tes hautes plaines, qu'ombragent le cormier, le bouleau, le sombre mélèse, qu'embaument le ciste, le myrthe et tant d'autres arbres odoriférans, qu'émaillent des plantes éblouissantes comme le plumage des oiseaux Américains. Il me serait doux de voir cette Lisbonne étendue sur ses vertes collines, cette antique *Olisipo*, deux fois presque ensevelie, et deux fois sortie de ses cendres, rajeunie, embellie, telle que cet insecte rampant et sans éclat, qui, après une mort passagère, renaît paré des plus vives couleurs, et se balance sur ses ailes nouvelles, gracieux et brillant comme la fleur que le zéphyr emporte en se jouant. J'aimerais de voir ce magnifique pont d'Alcantara, chef-d'œuvre du génie de Mansel de Maya, de prier dans la chapelle de *nossa Senhora dos terremotos* *.

Mais ces jouissances n'en sont plus, quand on les achète par un triste exil. Oui, sous quelque beau ciel que le destin le jette, le voyageur trouve que nul pays n'a autant de charmes que celui où il reçut la vie.

Voyez comme ils sont gais nos coteaux ! Quelques raisins encore pendent aux ceps raboteux : les vendangeurs les détachent en chantant.

Chacun de ces groupes rians et empressés d'hommes, de femmes, d'enfans, jetés çà

* Notre-Dame des Tremblemens de terre.

et là sur les flancs à pic de nos collines, semble un essaim bourdonnant suspendu au tronc d'un vieux chêne ou aux parois perpendiculaires de quelque antique roche usée par les torrens et les pluies d'hiver.

Au milieu de ces vendangeurs actifs et joyeux, la jeune Valérie, ayant comme eux un léger panier au bras et un petit couteau à la main, va, vient, chante, et, plus agile, plus vive, plus joueuse qu'un écureuil, saute sur les rochers anguleux et sur les murs nombreux qui soutiennent en terrasses le sol tout prêt à s'ébouler.

Un peu plus haut, Elvire, assise sur la corniche de rocs calcaires qui s'étendent comme un long banc et forment la crête du mont, essaie d'esquisser la scène animée qui l'entoure.

De là, ses regards ravis embrassent et la double chaîne des coteaux et la vallée étroite et tortueuse qui s'allonge et serpente à leurs pieds comme le lit d'un fleuve desséché.

Au fond d'un vallon, entre deux beaux rideaux de peupliers, coule un ruisseau aux flots bouillonnans, au cours sinueux ; il se montre çà et là, à travers le mouvant feuillage, gracieux et doux à l'œil comme un long ruban de satin blanc.

L'ombre couvre déjà le ruisseau et tout la vallon. Mais les peupliers élèvent presque au niveau des collines leurs têtes pyramidales et s'en vont chercher au loin les derniers rayons du soleil, qui semblent s'arrêter sur eux avec complaisance, et entourent leurs fronts jaunissant d'une brillante auréole.

Cependant l'ombre s'épaissit, et de plus en plus monte sur les coteaux. L'astre du jour s'éloigne, s'enfuit et semble glisser mollement derrière les rochers qui bornent la vue à l'occident. Son disque descend graduellement, et bientôt on ne voit plus qu'un arc étincelant, mais aussi étroit que celui de la lune à son déclin. Les cimes aiguës des rochers sont seules colorées d'un rouge vif. On dirait que le dieu, en fuyant, jette sur elles ses voiles de pourpre. Mais l'arc lumineux se rétrécit toujours... Il disparaît...

Quelques points isolés, quelques rocs nus réfléchissent encore comme les fragmens d'un miroir brisé, les rayons lointains de l'astre qui nous abandonne. On voit entre la montagne et les cieux flotter quelques lueurs incertaines, vacillantes, telles que les mourantes clartés d'un feu qui s'éteint.

Les vendangeurs, en voyant approcher l'heure qui doit terminer leurs travaux du jour, ont redoublé de zèle, de diligence et de gaîté. Les grappes tombent et s'empilent dans les corbeilles larges et profondes que placent sur leurs têtes les robustes *porteurs*. Imitant parfaitement la coupe que donnaient à leur chevelure d'emprunt les contemporains de Molière, chacune de ces corbeilles prend la forme de la tête de celui qui la porte, et descend sur ses nerveuses épaules, d'où la sueur coule par torrens.

Courbés sous ces pesans fardeaux, s'appuyant sur un long bâton qui sert moins à soutenir leur marche qu'à la diriger, ces hommes courent avec une étonnante vitesse sur les flancs rapides des monts, à travers les rochers, la terre éboulée et les pierres roulantes sous leurs pas.

Les travailleurs étaient à leur tâche dès l'aurore ; ils la quittent aux dernières lueurs du crépuscule. Ils ont porté *tout le poids du jour et de la chaleur*, et les voilà qui dansent avec autant d'ardeur et de plaisir que la femme à la mode, qui, levée à peine lorsque le soleil était déjà au milieu de sa carrière, a attendu l'heure du bal, couchée sur son ottomane ou assise devant sa psyché.

Entrez avec moi dans cette pièce enfumée. Voyez à la clarté de cette lampe noire et triste comme un flambeau funéraire, autour de cette table couverte de mets si grossiers, voyez ces femmes des enfans si pauvrement vêtus, ces hommes, livrés depuis l'aube au travail le plus pénible. Au lieu de chercher dans le sommeil l'oubli de leur fatigue d'aujourd'hui, c'est en dansant, en s'agitant, en veillant une grande partie de la nuit, qu'ils se préparent à la fatigue de demain ! C'est que le père commun des hommes a voulu qu'il y eût un peu de bonheur pour tous ! Il jette une oasis au désert ; il suspend une fleur sur l'écueil battu des tempêtes ; sous l'épine déchirante, il a caché la rose au doux parfum ; pour les cœurs brisés, il a fait l'espérance.

Ces pauvres gens, pour qui la fatigue est un état habituel, trouvent un bonheur véritable dans la suspension de leurs travaux. Ce moment de repos ou plutôt de liberté qu'ils donnent à leurs bras laborieux, ces simples alimens qui raniment leurs forces épuisées, ces entretiens et ces jeux qui les mettent en rapport les uns avec les autres, leur procurent des jouissances qui seront toujours inconnues au riche indolent. Prenez donc courage, ô vous enfans des chaumières ! Si, tout jeunes encore, vous gagniez laborieusement votre pain, si des mets délicats, des vêtemens élégans, des jouets coûteux, vous sont refusés, rappelez-vous qu'au lieu de ces biens futiles, Dieu nous donne presque toujours des biens infiniment préférables, la santé, la bonne humeur, et surtout plus d'industrie, de force d'âme et de persévérance que n'en aura jamais l'enfant dont le luxe a entouré le berceau, dont on s'est fait une loi de prévenir tous les désirs et tous les caprices !

Après avoir pris part durant quelques instans à la joie bruyante qui régnait dans sa maison, M. de Montrol s'était retiré dans un appartement reculé de son antique manoir; et sa fille, assise sur ses genoux, lui disait : Papa, la récolte des raisins est bien belle cette année, n'est-ce pas?

M. DE MONTROL.

Oui, mon enfant; il y a plus de dix ans que je n'en ai vu une aussi abondante. Maintenant, il nous reste deux devoirs à remplir. Le premier est de remercier Dieu qui a daigné bénir nos travaux; le second, de récompenser un zélé serviteur.

VALÉRIE.

Papa, tous les vendangeurs ont déjà reçu leur salaire, Mathurin les a payés.

M. DE MONTROL.

Je ne parle pas des vendangeurs, mais de Mathurin lui-même, qui, pendant toute l'année, a soigné mes vignes avec un zèle, une activité et une intelligence remarquables.

VALÉRIE.

Papa, quoique je voie travailler aux vignes tous le cours de l'année, je ne sais pas trop ce qu'on y fait jusqu'au moment des vendanges. Voulez-vous me le dire?

M. DE MONTROL.

Très-volontiers, ma petite... Mais tiens! voilà quelqu'un qui te le dira au moins aussi bien que moi.

VALÉRIE.

Venez, venez Mathurin? Dites-moi comment on fait venir les raisins.

MATHURIN.

Eh! ma chère Demoiselle, à présent qu'ils sont dans les cuves c'est fini pour cette année;

VALÉRIE.

Mais vous allez recommencer vos travaux pour préparer la récolte de l'année prochaine? Dites-moi, je vous prie, mon cher Mathurin, qu'allez-vous faire pour cela?

MATHURIN.

D'abord, nous allons *tailler la vigne*, c'est-à-dire que nous couperons toutes les branches, à l'exception d'une seule ; du moins c'est ainsi que cela se pratique pour les ceps qui donnent l'espèce de raisins la plus généralement cultivée dans ce pays-ci. Puis, on attend un temps pluvieux pour faire la seconde opération, qui consiste à courber en cercle la branche unique qu'on a laissée et à l'attacher solidement avec un osier. On appelle cela *lier* la vigne. Ensuite on *provigne*, c'est-à-dire qu'on remplace les ceps qui sont trop vieux et ceux qui ont péri par accident. Voici comment on s'y prend ordinairement : on choisit une souche qu'on destine à donner les nouveaux plans ; on creuse au pied de cette souche un fossé de forme triangulaire, et l'on couche l'arbuste dans ce fossé, en prenant soin de faire aboutir à chacun des trois angles une branche qui, l'année suivante, devient un cep jeune et vigoureux. On répète cette opération partout où l'on voit des places vides ou des ceps qui doivent être remplacés *.

Dans la semaine de Pâques nous commencerons à *fouir*; aussitôt que cet ouvrage est fait, il faut *biner*, autrement dit, *fouir une seconde fois.*

A la fin de mai on commence ordinairement à *épamprer*; ensuite on *sarcle.*

Enfin, le deuxième dimanche de juin on fait dire une messe à la chapelle de *Notre-Dame;* on prie bien dévotement la bonne Vierge de détourner les orages et la grêle. Et puis on attend avec confiance que le raisin soit mûr.

VALÉRIE.

Et le blé, comment le fait-on venir?

* Ces détails sont locaux et appartiennent aux montagnes de l'Aveyron, d'où l'auteur prend ses inspirations.

MATHURIN.

Ma foi, Mademoiselle, il faudrait demander cela à mon frère Joseph, que M. votre père a pris pour fermier de son domaine *du Caume* *. Moi, je suis vigneron, et voilà tout.

M. DE MONTROL.

N'as-tu pas vu, quand nous étions à Beauregard, des bœufs traîner lentement une charrue, et guidés par un homme armé d'un long bâton que terminait un fer acéré, tracer dans la terre des sillons réguliers? Tu sais bien que cela s'appelle labourer; eh bien! nos fermiers du Caume sont dans l'usage de sillonner ainsi trois fois les champs de froment avant de les ensemencer. Après le troisième labour, ils répandent le grain sur la terre et le recouvrent légèrement avec la charrue. On sème le seigle à peu près de la même manière.

* La nature du sol qu'habitait Valérie est fort variée. Il existe une foule de noms vulgaires qui en désignent les diverses espèces. Dans la partie appelée le Caume, la terre est calcaire. Cette partie est celle où l'on cultive presque exclusivemnet le froment.

Le froment et le riz sont les deux végétaux dont les hommes font le plus grand usage. Dans tout le Levant, on consomme encore plus de riz que de froment. Au reste, Dieu nous a donné un grand nombre de ces végétaux farineux, qu'on regarde comme les alimens les plus salubres. Le seigle, le maïs, le blé-sarrazin, les pommes de terre, remplacent dans beaucoup de pays le froment et le riz. Les châtaignes peuvent aussi en tenir lieu. Enfin, dans certains pays croît un arbre dont le fruit remplace très-bien notre pain.

VALÉRIE.

Papa, il me semble que Beauregard est un fort joli endroit, la maison est toute neuve et toute blanche ; pourquoi ne l'habitons-nous pas au lieu de Montrol, qui est si vieux et si noir?

M. DE MONTROL.

Montrol appartient depuis long-temps à ma famille. Mille souvenirs me le rendent cher.

C'est ici que j'ai vu le jour; c'est ici que s'est écoulée mon enfance, c'est ici que reposent mon père et plusieurs de mes aïeux, c'est ici que tu es née, ma Valérie ! Tu es trop petite encore pour savoir avec quelle force de pareils liens étreignent le cœur et nous attachent à une propriété ! Tu le sauras un jour, sans doute : ces sentimens sont dans la nature.

VALÉRIE.

Je le comprends déjà un peu, papa; car, malgré ce que je disais tout à l'heure, je crois, en y pensant bien, que je m'ennuierais à Beauregard si j'y restais long-temps. Je me suis aussi bien ennuyée à la ville, et je ne me plais nulle part autant qu'à Montrol.

M. DE MONTROL.

Cet amour, ce besoin du sol natal est pour quelques nobles cœurs une passion dévorante, insurmontable. Il faut la satisfaire ou en mourir. Je me rappelle avoir lu l'histoire attendrissante d'une jeune française, que cette héroïque faiblesse conduisit au bord du tombeau. Son âme, qui avait supporté les plus affreux malheurs, ne put supporter l'exil. Après la mort tragique de tous les siens, échappée presque miraculeusement, cette jeune personne était en sûreté et entourée des tendres soins de l'amitié, dans une petite ville de l'Allemagne; mais bientôt on la vit dépérir : sa raison sembla se troubler; ses yeux, noyés de larmes, étaient sans cesse fixés sur une esquisse qui lui retraçait la rustique maison où elle était née sur les rives de la Loire; ses lèvres, pâles et convulsives, ne laissaient échapper que ces mots, articulés lentement et avec l'accent le plus douloureux : *Oh! la France! je veux revoir la France!*

Un habile médecin, appelé auprès de la jeune malade, déclara qu'il fallait la renvoyer dans son pays ou se résoudre à la voir expirer dans peu de jours. « En vain » mille dangers l'attendent en France, dit » le savant docteur, il faut qu'elle parte. On

» peut, à l'aide d'un déguisement, d'un faux
» nom, espérer de tromper des bourreaux :
» quelques chances de salut nous restent,
» enfin. Mais il n'en est aucune contre le sort
» qui l'attend ici : ce mal qui consume sa
» vie, mal de l'exil, est sans remède, et les
» souffrances qu'il cause sont inouïes. »

En effet, la noble jeune fille fut reconduite en France, et presque à l'instant se trouva guérie.

Un des plus grands poètes de nos jours, forcé de quitter son pays, où son âme ardente n'avait trouvé que de cruelles déceptions, et finissant, après de longues douleurs, son errante destinée, n'a point dit comme le romain : *Ingrate patrie, tu n'auras pas mes os !* Il a voulu que son cercueil, voyageur comme lui, traversât les mers pour aller reposer près de son berceau.

Les chantres inspirés de Sion ont des accens d'une tristesse ineffable et d'une mélodie surhumaine, quand ils pleurent son exil.

Beaucoup de poètes modernes ont essayé de s'inspirer par la méditation de ce sublime sujet. Quelques-uns ont fait entendre des accords immortels, qui retentiront dans les siècles, comme ceux de la harpe de David !

Mais la lyre la moins retentissante, la plus humble, trouvera, pour déplorer les maux de l'exil, des sons touchans par leur mélancolie.

VALÉRIE.

Papa, ma cousine Elvire m'a appris des vers sur ce sujet. Voulez-vous que je vous les récite ?

M. DE MONTROL.

Je les entendrai avec plaisir, ma chère enfant.

VALÉRIE.

Les tribus exilées.

Sur les monts de Juda, la sauvage gazelle
Bondit. Mais de Juda les enfans dispersés
Errent au loin, traînant les fers de l'infidèle,
Et du sol natal repoussés !

De son immortelle verdure
Le cèdre avec orgueil étale la beauté;
La rose du Liban s'entr'ouvre, et fraîche et pure,
Lève un front virginal de parfums humecté.

Mais, hélas! d'Israël les filles désolées
A leurs fronts pâlissans n'attachent plus de fleurs.
Elles marchent échevelées:
Le sable du désert s'humecte de leurs pleurs.

Malheureuses tribus errantes!
Par un soleil brûlant nos fronts sont dévorés,
Nos poitrines sont haletantes,
Nos genoux chancelans et nos pieds déchirés.

Où donc s'arrêtera notre pénible course?
Pauvres captifs, où donc serons-nous transplantés?
Sur quelle rive, à quelle source,
Laverons-nous enfin nos pieds ensanglantés?
Nous, qui ne devons plus entendre le murmure
Des flots de la patrie, où serons-nous portés?
Rongés par les vautours, par l'impie insultés,
Où blanchiront nos os, privés de sépulture?
Quel vent dispersera la cendre des proscrits?
Les petits oiseaux ont leurs nids;
Sur les rochers, l'aigle a son aire;
Le loup sauvage à sa tanière;
L'hôte impur des marais, un lit dans les roseaux;
Le plus chétif insecte, un buisson qui l'abrite;
Mais nous! où reposer notre tête proscrite?
Nous n'avons ni pays, ni temple, ni tombeaux!

SEPTIÈME ENTRETIEN.

Règne minéral. — Diverses espèces de terres. — Divers métaux. — La vierge d'Albâtre. — Le presbytère dans les neiges.

« J'aime à voir cette perle, étrangère merveille,
» Que son luxe ignorant pendit à son oreille;
» Un jour elle saura quels bras vont l'arracher
» Aux abîmes de l'onde, aux pointes de rochers,
» Et comment la forma la mer orientale. »

DELLILE, *les Trois Règnes*, chant IV.

C'ÉTAIT au commencement de novembre ; l'air était doux encore dans les vallons. Chaque jour le soleil, après s'être réveillé dans des flots de vapeurs, se dégageait au bout de quelques heures de ces humides voiles, et ses rayons tombaient chauds et brillans sur les coteaux dépouillés de leurs fruits et de leur verdure, mais que décoraient encore

« Des pampres jaunissans les molles draperies *. »

Elvire et Valérie aimaient en ce moment délicieux à parcourir les hauteurs et à dessiner les sites pittoresques des environs de Montrol. Mais dès que l'ombre, après avoir couvert le vallon, montait et déroulait ses noirs replis sur les flancs rougeâtres des collines, un vent piquant se faisait sentir, et nos deux amies, abrégeant leur promenade, couraient prendre place autour du large foyer où pétillait le sarment aux flammes vives et légères, et où brûlaient la houille bitumeuse et le cep long-temps desséché.

Alors commençaient les lectures intéressantes, les longs récits, les doux entretiens. Aimable saison, où l'on jouit des champs comme en été, et des charmes du coin du feu comme en hiver.

* M. Herminac.

Depuis quelques mois, Valérie, attentive à tout ce qui s'offrait à ses regards, paraissait jalouse d'acquérir de nouvelles connaissances. Heureuse d'avoir à remercier Dieu de quelque bienfait nouveau, elle demandait à son amie le nom, l'usage, l'origine de chacun des objets qu'elle remarquait dans sa petite excursion. Et quel pays peut offrir plus d'aliment à la curiosité studieuse que celui qu'Elvire et Valérie parcouraient ainsi tête à tête et le crayon à la main! « Il n'est pas un coin dans le » Rouergue qui ne présente des phénomè- » nes intéressans. L'étude de l'histoire na- » turelle de cette petite province serait une » occupation bien douce pour un homme » de lettres qui pourrait disposer à son gré » de l'emploi de son temps. Quoi de plus » capable, en effet, de satisfaire la curio- » sité d'un observateur que ces diverses » mines d'argent, de cuivre, d'alun, de » vitriol, de fer et même d'or, qu'on » exploita si long-temps dans cette pro- » vince, et dont certaines faisaient, dans

» les premiers siècles, au rapport de Stra-
» bon, la ressource principale des Ruthè-
nes? Quelle étude plus attrayante que
» celle de ces arbustes, de ces simples de
» toute espèce qui tapissent nos montagnes;
» de ces coteaux qui sont toujours couverts
» de feu et de fumée, qui brûlent depuis
» tant d'annés dans certains cantons du
» Rouergue; de l'intérieur de ces grottes
» profondes, par lesquelles on semble pé-
» nétrer dans les entrailles de la terre,
» pour lui dérober les secrets de la végéta-
» tion ou pour contempler les routes cachées
» des fontaines et des ruisseaux!.........

« Telles sont les grottes de Salzac, de
» Saint-Laurent, de Nodelle, de Salles,
» du Vabrais, de l'Estang, près de Saint-
» Saturnin, où l'on trouva, il y a quel-
» ques années, une tête d'homme parfai-
» tement pétrifiée. Dans plusieurs lieux du
» Rouergue, le sol semble être soutenu sur
» les voûtes de ces immenses souterrains,
» et souvent l'on entend sous les pas des
» chevaux un bruit sourd résonner dans ces

» cavités, creusées par la nature dans le » sein de la terre *. »

Un jour, nos deux amies, fatiguées d'une promenade beaucoup plus longue qu'à l'ordinaire, s'arrêtent quelques momens au bord d'un ruisseau d'une pente rapide, et d'une eau si transparente qu'on pouvait compter les moindres brins de mousse, les plus fins grains de sable sur lesquels il se brisait en petites cascades de diamans.

Valérie admira la limpidité de cette onde, et demanda où elle prenait sa source.

ELVIRE.

Dans les montagnes de..... Ma chère amie, ces montagnes, formées de rochers calcaires, donnent naissance à un grand nombre de ruisseaux, remarquables comme celui-ci par la pureté, la bonté, et surtout par l'abondance de leurs eaux.

* *Mémoire pour servir à l'Histoire du Rouergue*, par M. Bosc, ancien professeur au collége de Rhodez.

VALÉRIE.

Calcaire! voilà un mot que je t'ai entendu prononcer souvent. J'avais oublié de te demander ce qu'il signifie.

ELVIRE.

Il signifie susceptible d'être réduit en chaux. Des pierres calcaires sont des pierres qui renferment de la chaux et qu'on réduit en cette matière par l'action du feu. Tu sais bien que la chaux est une substance blanche et fort âcre qu'on emploie dans les ouvrages d'architecture, dans la fabrication du verre, etc.

VALÉRIE.

Oui, je l'ai vu employer quand on a bâti le pavillon du fond du jardin. Mais il y a donc plusieurs espèces de pierre? Y a-t-il de même plusieurs espèces de terre?

ELVIRE.

Sans doute. N'entends-tu pas chaque jour les agriculteurs nos voisins désigner es qualités des diverses terres qu'ils cultivent par une foule d'expressions qui se rapportent ou à la couleur de ces terres ou à la nature de leurs productions végétales ou minérales? Ainsi ils donnent les noms de *terres noires*, de *terres rouges*, de *terres graves* ou *graviers*, « de *causse*, de *segata*, *de valunes*, à » des terrains que les naturalistes désignent » mieux sous les noms de *terres volcaniques*, *terres de mines*, *terres végétales*, » *sablonneuses*, *calcaires*, *graniteuses*, *schisteuses* *. »

VALÉRIE.

Veux-tu m'expliquer le nom de toutes ces terres?

ELVIRE.

Puisque cela paraît t'intéresser, je le ferai volontiers.

Je t'ai dit quelle est la figure de la planète que nous habitons, mais je ne t'ai pas

* Mémoire pour servir à l'Histoire du Rouergue.

encore parlé des diverses substances dont elle est formée ; je n'ai moi-même sur ce sujet intéressant que des connaissances bien bornées, que je m'efforce, comme tu le sais, d'étendre chaque jour par des études assidues. Enfin je vais t'en dire le peu que j'en ai appris.

« La terre se compose de *couches* et de » *bancs* de diverses matières, du moins quant » à sa surface. L'intérieur du globe ne nous » est pas connu. Le granit semble former » une voûte autour de la terre. En effet, » les plus grandes chaînes de montagnes, » et les terrains les plus étendus reposent » sur des blocs de granit *. »

VALÉRIE.

Qu'est-ce que c'est que le granit?

ELVIRE.

Une pierre grisâtre et fort dure. Les montagnes granitiques sont appelées montagnes *primitives* ou *primordiales*, parce qu'elles

* S. B. Depping. Nouv. Manuel de Géogr.

ne sont point comme les autres mêlées de débris, et que par cette raison on pense avec fondement qu'elles existent depuis le commencement du monde et telles que le bon Dieu les a créées. Les terrains secondaires sont les terrains formés par suite de divers évènemens qui ont bouleversé le globe, et dont le plus important est, ainsi que je te l'ai déjà dit, le déluge universel, qui arriva quinze cents ans après la création.

Ces terrains secondaires se composent de débris des terrains primitifs mêlés avec des débris d'animaux et de végétaux qui existaient, à ce qu'on croit, avant ces grandes révolutions de la nature.

VALÉRIE.

Tu m'as déjà dit, ma chère Elvire, que la mer, en se retirant des sommets de plusieurs montagnes, qu'elle avait quelque temps couvertes, avait laissé des amas de poissons et de coquillages qu'on y trouve encore pétrifiés. Mais, tiens, je ne puis pas croire cela.

ELVIRE.

Il m'est facile de t'en donner des preuves; nous irons quelques jours sur la montagne de *Caussenoir*, près de M... « On y » trouve une infinité de coquilles et de » poissons fossiles de toute forme et de » toute grandeur; quelques-unes ne sont pas » plus grosses que des fèves, d'autres ont » un pied de large et une longueur proportionnée. La figure n'en est pas moins » variée que la grosseur. Les unes ressemblent à un petit vaisseau, les autres présentent la forme d'une trompette, plusieurs sont contournées en volutes à plusieurs spirales qui vont en s'élargissant » d'un côté, et qui de l'autre se terminent » en pointes, quelques-unes sont rayées en » forme de peigne à cheveux et ressemblent » assez à ces coquillages dont se chargent » les pélerins de Saint-Jacques; d'autres » ont la forme d'un manche de couteau *. »

La matière dans laquelle se trouve le

* Mém. pour servir à l'Hist. du Rouergue.

plus ordinairement ces vestiges d'animaux de la mer s'appelle *spath calcaire*.

VALÉRIE.

Que signifie ce mot si drôle, *spath* ?

ELVIRE.

Spath est un mot allemand qui désigne plusieurs pierres cristallisées, mais plus particulièrement ce qu'on appelle en termes de chimie le cristal de carbonate de chaux, substance célèbre par la propriété qu'elle a de doubler les images qu'on regarde à travers. La même propriété se trouve dans d'autres pierres, mais c'est dans celle-là qu'on l'a d'abord observée. Au surplus, le *spath calcaire* ne diffère des marbres et des pierres à chaux les plus communes que parce qu'il s'est formé plus paisiblement.

Cette matière forme dans la terre des bancs très-étendus. La craie, la pierre à bâtir, le marbre, les concrétions ou stalactites, l'albâtre, appartiennent à cette substance.

VALÉRIE.

Cette boîte blanche que mon parrain m'a donnée, n'est-elle pas en albâtre ?

ELVIRE.

Non, ce n'est pas de l'albâtre véritable. Cela ressemble beaucoup à une sorte de pierre que les minéralogistes appellent *alabastrite*. On en trouve près d'ici, et justement dans ces montagnes calcaires où le joli ruisseau que tu vois prend sa source, et desquelles je te parlais tout à l'heure.

VALÉRIE.

Précisément... Mon parrain m'a dit en riant qu'il avait ramassé la boîte qu'il me donnait sur les montagnes de M...

ELVIRE.

Cette pierre se taille facilement et prend, comme tu le vois, un poli approchant de celui du plus beau marbre. J'ai vu de charmans petits meubles faits avec cette matière, entre autres des vases qui orneraient fort bien une cheminée ; ils sont d'un blanc de nacre, et assez transparens pour qu'on lise facilement à quelques pas de distance, à la lueur d'une bougie renfermée dans un de ses vases.

VALÉRIE.

Je voudrais bien les voir, ces vases.

ELVIRE.

On m'a montré non loin d'ici une chose bien curieuse encore. C'est une de ces mêmes pierres à laquelle la nature a donné une figure si belle et si régulière qu'on la croirait travaillée par le ciseau d'un statuaire. Elle représente une femme tenant un enfant entre ses bras et ayant sur la tête une couronne d'étoiles.

VALÉRIE.

C'est donc une sainte Vierge?

ELVIRE.

Cette figure a, en effet, l'attitude qu'on donne ordinairement aux images de la vierge Marie.

— En causant ainsi, nos deux amies, quittant les bords du ruisseau, étaient entrées dans un bois de chênes antiques dont la rameaux, flétris par l'automne et agités en ce moment par une froide brise, jetaient autour d'eux comme une pluie de feuilles sèches et mortes qui se froissaient sous leurs pas avec un bruit mélancolique. Parmi ces arbres majestueux on en remarquait un qui semblait être le doyen et le roi de la forêt : une de ses racines avait pris une forme circulaire, et de racine avaient surgi cinq rejetons qui, grandis autour de leur père, semblaient appuyer sur ses robustes bras leurs fronts déjà superbes, et formaient avec lui un berceau où les pâtres trouvaient un abri contre le soleil brûlant de l'été et les vents glacés de l'automne.

C'est ici, dit Valérie, que j'aimerais à voir la vierge d'albâtre.

ELVIRE.

Tu as raison ; la niche serait digne de la madone; ces deux singularités, dans l'ordre végétal et dans l'ordre minéral, se feraient reluire l'une par l'autre.

VALÉRIE.

Avec quoi fait-on les belles statues que tu as vues à Paris, Elvire, et dont tu me parles souvent?

ELVIRE.

On en fait de bronze, de pierre, mais surtout de marbre.

VALÉRIE.

Nous avons du marbre dans ce pays-ci, n'est-ce pas?

ELVIRE.

Il y en a dans presque tous les départemens de la France. Celui des carrières de F* et de la P**, à quelques heures d'ici, est d'une qualité inférieure et ne peut servir qu'à faire des meubles assez communs. Celui de C** est supérieur, mais je crois que le seul marbre statuaire que l'on puisse trouver en France est dans les Pyrénées.

La plus grande partie de celui qu'emploient nos artistes vient de l'Italie. Ce pays possède des carrières de la plus grande richesse, et qui donnent une grande variété de minéral précieux pour les arts. C'est l'Italie, c'est Carrare, qui a donné à notre illustre compatriote * ce marbre qui, sous son ciseau, s'est transformé en cette touchante Magdeleine, qu'on ne peut voir sans que le cœur se trouble, sans que les yeux se mouillent de pleurs.

Heureuse la main qui sait ainsi frapper de vie la pierre insensible, faire resplendir une âme sur tout ce qu'elle touche ! Heureux sol qui fournit au génie les matériaux de ces œuvres immortelles ! Paros et Carrare me semblent bien mieux dotés que le Pérou et le Chili.

VALÉRIE.

Elvire, tu ne pourrais pas me la faire voir, cette Magdeleine ?

* M. Gayrard, à qui l'on doit entre autres chefs-d'œuvre, *une Diane au Bain*, morceau admirable qui orne actuellement le Musée national de Versailles.

ELVIRE.

Tiens! en voici une faible image, une ombre.

Elvire ouvrit un album et montra à Valérie un croquis au-dessus duquel on avait tracé ces lignes :

A la Magdeleine de M. Gayrard.

Ému de ta douleur et ravi de tes charmes,
D'extase en voyant le cœur est enivré.
Celui qu'au désespoir le crime avait livré
Retrouve à ton aspect le don des saintes larmes
Il ose encor bénir, croire, aimer et gémir.
Il embrasse à la fois la croix et l'espérance,
Il ciel apaisé reçoit un repentir
Plus beau que la vertu, plus doux que l'innocence.

Les carrières de Paros étaient autrefois célèbres par leurs marbres magnifiques. On les voyait, ces marbres, divinisés par le génie d'Athènes, décorer sa pompeuse enceinte, lui offrir les images de ses Dieux et de ses héros. Mais ces carrières ne sont plus exploitées. Les marbres, je te l'ai déjà dit, appartiennent aux matières calcaires ;

ils se sont formés de débris appartenant au règne animal et que les siècles ont broyés, réunis, cimentés, puis durcis et changés en pierres. Le poète des trois Règnes de la nature dit, en parlant des diverses terres :

« L'une, fille de eaux,
» Et des marbres divers la nourrice féconde,
» Naquit des vieux débris des habitans de l'onde :
» Madrépores, coraux, coquilles et poissons,
» L'un sur l'autre entassés composèrent ces monts *. »

Dans la classe des *quarts*, ou *cailloux*, on range des silex ou agathes et le cristal de roche.

VALÉRIE.

Quoi! le cristal, cette matière si brillante et qui semble si fragile, se trouve aussi dans la terre?

ELVIRE.

Et ce qui t'étonnera plus encore, c'est qu'on y trouve aussi le sel.

* Delille.

Là, chacun a son chef, il commande, à sa voix ;
Des milliers de marteaux résonnent à la fois ;
Tous d'un égal effort, tous d'une ardeur commune,
Attaquent ses remparts, ouvrage de Neptune !
Leurs pans tombent en blocs confusément épars :
Là, glissent des traineaux ; ici, roulent des chars.
Le tonneau suit dans l'air le tonneau qui s'élève ;
La mobile poulie en criant les enlève.
Chaque bloc est un prisme, et l'éclat des flambeaux
En palais de cristal a changé ces tombeaux.
L'œil suit sans se lasser ces brillans phénomènes *.

On trouve beaucoup de sel gemme en Hongrie et dans quelques parties de l'Allemagne, notamment près de Salsbourg, qui en tire son nom.

Je t'ai parlé des coquillages et autres animaux fossiles qu'on trouve près d'ici. Les végétaux aussi se décomposent et changent de nature. Les nombreuses et riches mines de houille que renferme ce département étaient jadis de grands bois. Des débris de végétaux se trouvent souvent dans les charbons de terre. Ces beaux arbres, qui balancent sur nous en cet instant leurs branches séculaires, seront peut-être un jour de noires pierres bitumineuses et reposeront

* Delille, les trois Règnes. — Chant V.

l'on ne sait pas jusqu'où s'étend dans l'intérieur de la terre la masse de sel dans laquelle on les a creusées. Elles ont plusieurs étages, et l'on y a pratiqué trois chapelles où l'on célèbre l'office divin à certains jours de l'année. Les ouvriers qui y travaillent y ont construit des maisons et des magasins où ils serrent leurs outils. Les maisons, les chapelles, et tous les ornemens qui décorent ces derniers édifices sont en sel. On a fait beaucoup de descriptions des carrières de Wiliska ; écoute celle-ci, on la dit aussi fidèle qu'elle est poétique :

J'atteste, ô Wiliska ! tes carrières fécondes...
Tremblant et suspendu sur tes voûtes profondes,
Le voyageur descend ; et son œil enchanté
Dans ces antres obscurs voit toute une cité.
Des murailles de sel se montrent à sa vue.
Le sel se forme en voûte, en colonnes, en statue ;
Le sel se creuse en temple et se dresse en autel ;
Le travailleur s'assied à des tables de sel.
Au milieu d'un ruisseau court l'onde salutaire
Que jamais de ces lieux l'amertume n'altère ;
Telle on dit qu'Aristée, au fond des flots amers,
Sans perdre sa douceur voyageait sous les mers.
Au-dessus, distillée en larmes abondantes,
L'eau des sels congelée coule en gouttes pendantes.

Là, chacun a son chef, il commande. à sa voix,
Des milliers de marteaux résonnent à la fois;
Tous d'un égal effort, tous d'une ardeur commune,
Attaquent ses remparts, ouvrage de Neptune!
Leurs pans tombent en blocs confusément épars :
Là, glissent des traîneaux ; ici, roulent des chars.
Le tonneau suit dans l'air le tonneau qui s'élève;
La mobile poulie en criant les enlève.
Chaque bloc est un prisme, et l'éclat des flambeaux
En palais de cristal a changé ces tombeaux.
L'œil suit sans se lasser ces brillans phénomènes *.

On trouve beaucoup de sel gemme en Hongrie et dans quelques parties de l'Allemagne, notamment près de Salsbourg, qui en tire son nom.

Je t'ai parlé des coquillages et autres animaux fossiles qu'on trouve près d'ici. Les végétaux aussi se décomposent et changent de nature. Les nombreuses et riches mines de houille que renferme ce département étaient jadis de grands bois. Des débris de végétaux se trouvent souvent dans les charbons de terre. Ces beaux arbres, qui balancent sur nous en cet instant leurs branches séculaires, seront peut-être un jour de noires pierres bitumineuses et reposeront

* Delille, les trois Règnes. — Chant V.

enfouis sous ce sol qui leur prodigue à présent les sucs précieux dont ils se nourrissent.

VALÉRIE.

Et trouve-t-on quelquefois des plantes fossiles dans le charbon de terre.

ELVIRE.

Je l'ignore, mais je crois que ces vestiges se rencontrent fréquemment dans les ardoises. Comme j'aime à te parler surtout de ce qui a rapport aux lieux où nous sommes nées, je te citerai les lits d'ardoises qui s'étendent sur les montagnes de la V**, leurs feuillets offrent souvent la figure d'une sorte de fougère américaine. On dit que les vestiges de ce même arbrisseau se découvrent dans les ardoises de Saint-Bel, près de Lyon.

VALÉRIE.

Je ne puis assez m'étonner que des plantes, des arbres, des coquillages, des poissons se changent ainsi en pierres.

ELVIRE.

C'est peu : on a trouvé des animaux fossiles de dimensions énormes, des quadrupèdes plus grands que l'éléphant qu'on t'a fait voir dernièrement à R**, des êtres dont l'espèce s'est perdue, mais que le génie a su deviner et rendre à notre siècle étonné, réunissant laborieusement leurs débris épars au fond des antres inabordés, sous les rochers et dans les profondes entrailles de la terre.

Ainsi, sur ce globe prodigieux, tout meurt, mais rien n'est détruit. Les plus faibles des êtres sortis des mains de l'Eternel semblent participer de son éternité. En cessant de vivre de leur vie animale et végétale, l'arbre, la fougère, le madrépore, l'insecte, reparaissent sous une autre forme et jouissent d'une autre espèce d'existence.

VALÉRIE.

Et nous, qui sommes aussi les ouvrages de Dieu, que devenons-nous quand nous sommes morts?

ELVIRE.

La poussière retourne à la poussière , c'est-à-dire que notre corps, composé à peu près des mêmes élémens que celui des animaux, se décompose de même. Il tombe en dissolution, et sert d'aliment aux vers dévorans de la tombe.., ou nourrit les herbes parasites qui croissent dans les cimetières. Mais, n'importe, nous pouvons dire que nous ne mourons pas, car *l'esprit retourne à l'esprit, et la vie retourne à la vie* , ce qui nous fait ressembler à Dieu : notre âme, qu'il créa à son image, est immortelle comme lui.

VALÉRIE.

Et que devient-elle, cette âme?

ELVIRE.

Créée libre, elle en est récompensée ou punie selon l'usage qu'elle a fait de cette liberté. Si elle a aimé et adoré Dieu, son créateur; si elle a constamment suivi les inspirations du guide intérieur qu'il lui a donné, je veux dire de cette conscience qui parle si haut lorsqu'on veut l'écouter, et qui nous crie sans cesse : *ceci et bien, ceci est mal*; si elle peut enfin se présenter devant Dieu, sainte et pure comme elle est sortie de ses mains, notre âme va dans le ciel, où elle voit Dieu *face à face*, vous dit-il lui-même, et où elle jouit d'un bonheur si grand que nous ne pouvons nous en faire aucune idée tant que nous sommes sur la terre.

VALÉRIE.

Mais ceux qui n'ont pas été bons, que deviennent-ils?

ELVIRE.

L'âme qui, oubliant ou méconnaissant sa sublime origine, a dégradé en elle-même l'œuvre et l'image de Dieu, est à jamais bannie de sa présence, à jamais et immensément heureuse.

VALÉRIE.

Et quand on s'est converti, ne va-t-on pas au ciel ?

ELVIRE.

Oh ! si, mon amie, l'âme qui a failli, mais qui, par uu sublime effort, se relève de sa chute et se replace à la hauteur où Dieu voulut qu'elle fût lorsqu'il la créa à sa ressemblance, cette âme redevient belle à ses yeux, et il la récompense par une félicité sans bornes. Nous en voyons la preuve dans l'histoire de la Magdeleine et dans la parabole de l'Enfant prodigue.

VALÉRIE.

Les animaux ont-ils aussi une âme ?

ELVIRE.

La Sainte-Ecriture les appelle *une âme vivante*, mais l'âme de ces animaux n'est pas de la même nature que la nôtre. Nous la désignons ordinairement sous le nom d'instinct. Nous ne savons pas au juste quel degré d'intelligence Dieu a donné aux animaux, mais il est certain qu'ils ne sont pas, comme nous, libres de discerner le bien et le mal. C'est pourquoi ils ne sauraient être ni récompensés ni punis.

Mais nous causerons de cela dans notre promenade. Cette cloche nous avertit qu'il est temps de rentrer.

VALÉRIE.

Eh oui! c'est la cloche du souper.

— Durant le repas du soir, la petite fille ne manqua pas de demander d'où provenait et comment était fait chacun des meubles qui couvraient la table.

Ces fourchettes d'argent, ces petites cuillers en or. Papa, disait-elle, ces couteaux si antiques, à manche de cuivre, à lame de fer, n'est-ce pas que tout cela appartient au règne minéral?

Oui, ma petite minéralogiste, répondait en souriant M. de Montrol.

VALÉRIE.

Ne vous moquez pas de moi, mon cher papa, je veux savoir d'où vient tout cela.

M. DE MONTROL.

Je vais te l'apprendre, ma chère amie. Ta cousine Elvire t'a déjà parlé de la structure du globe terrestre. Tu sais maintenant qu'il est composé de *bancs*, de roches de diverses espèces, et de *couches* de terre différentes entre elles. Eh bien, au milieu de ces rochers et de ces terres, il y a des fentes, des crevasses irrégulières qu'on appelle *filons*, et qui souvent sont remplies de matières métalliques. C'est ainsi que sont placés dans la terre l'or, l'argent, le fer, le cuivre, l'étain et tous les métaux.

VALÉRIE.

Et dans quel pays trouve-t-on l'or et l'argent, papa ?

M. DE MONTROL.

Plusieurs contrées de l'Europe ont des

mines d'or. Il y en a en Espagne, en Hongrie, en Suède. Il fut un temps où l'on exploitait des mines de ce précieux métal en France et même dans le canton que nous habitons. Nous lisons dans nos vieilles archives que les comtes, souverains de cette province, faisaient battre monnaie avec l'or et l'argent des mines qu'ils possédaient dans leurs domaines; mais depuis la découverte de l'Amérique on a cessé cette exploitation, parce que les mines d'or de l'Europe ne sont rien en comparaison de celles du Nouveau-Monde et surtout de celles du Pérou.

L'argent n'abonde que dans la partie de l'Amérique située sous la zone torride. Le fer est assez commun en Europe. Tu sais qu'il y a à quelques lieues d'ici un grand et magnifiqne établissement pour l'exploitation de ce métal si utile.

L'étain est beaucoup plus rare en Europe, mais on le trouve abondamment dans l'Inde, au Japon, et dans l'Amérique méridionale. C'est encore l'Amérique et l'Afrique méridionales qui renferment en plus grande quantité de cuivre et divers autres métaux qui servent à notre usage. Le platine, métal très-lourd, qui tient à la fois de l'or et de l'argent, et qu'on nomme aussi or blanc, y est abondant. Quelques départemens de la France ont des turquoises.

VALÉRIE.

Et les perles, se trouvent-elles dans la terre?

ELVIRE.

Non, mon amie, les perles se forment dans certaines espèces de coquillages. Dans l'antiquité, on a cru que les perles étaient des « gouttes de rosée recueillies au mois » de mai à la surface des eaux sur les ani» maux qui les produisent. Quelques natu» ralistes ont imaginé que les perles étaient » un animal à coquilles croissant dans un » autre. Plusieurs savans pensent que la » perle est une concrétion morbifique, pro» venant de la piqûre faite aux coquilles, » et ils se fondent sur ce qu'on peut faire

» naître artificiellement des perles, en per-
» çant des trous dans la coquille des huîtres
» ou des moules qui les contiennent *. »

Les perles se dissolvent dans les acides. On raconte que Cléopâtre, c'est le nom d'une reine d'Egypte très-fameuse, fit fondre dans du vinaigre une perle d'un prix inestimable, et qu'elle l'avala pour prouver se magnificence.

VALÉRIE.

J'aurais bien mieux aimé m'en parer. C'est une bien belle chose qu'une parure de perles; mais les diamans sont plus beaux encore. Est-ce qu'on les trouve aussi dans les coquilles, papa?

M. DE MONTROL.

Non, ma fille. On a cru long-temps que les diamans étaient une espèce de cristal de roche; mais un savant illustre, le grand Newton, annonça que le diamant était une matière combustible; et plusieurs expérien-

* Les trois Règnes. — Notes du chant V

ces ont prouvé que cette assertion était vraie.

VALÉRIE, (*regardant autour d'elle*).

Papa, les trois règnes de la nature ont été mis à contribution pour décorer ce salon, tout simple qu'il est, n'est-ce pas? Cette pendule d'albâtre, ces chandeliers d'argent, la pelle, la pincette, les serrures de porte, nous sont donnés par le règne minéral; cette table, ces chaises, ce fauteuil, je sais fort bien que cela vient du règne végétal, et ce tapis, il est fait avec de la laine, et la laine vient sur le dos des moutons; voilà pour le règne animal. Mais ces rideaux de soie, je ne sais pas vraiment à qui nous les devons.

M. DE MONTROL.

A un petit insecte. N'as-tu pas vu chez Mme D. des vers à soie.

VALÉRIE.

Oui, papa, ces petits vers qui font des petites pelottes blanches et jaunes?

M. DE MONTROL.

Eh bien, la soie que tu as vue ainsi en pelottes, après qu'elle a été travaillée, filée et tissée, forme les étoffes somptueuses dont on fait des meubles et des habits. Mais il est temps d'aller se reposer, ma chère enfant, tu sais que nous devons partir demain pour aller visiter ton grand-oncle.

Le lendemain du jour où cette conversation avait lieu, les habitans de Montrol entreprirent un petit voyage.

Une antique berline fut préparée pour cette occasion : mais bien souvent on allait à pied, admirant les sites variés qui s'offraient à chaque instant au regard, examinant avec une curieuse attention les pierres qu'on foulait sous ses pas, cueillant les fleurs que le printemps semblait avoir oubliées dans quelques lieux abrités, où n'avaient pu les atteindre les vents meurtriers de l'automne. L'absence de M. de Montrol et de sa fille ne devait durer que peu de jours.

Elvire s'éloignait pour plus long-temps

des lieux où elle était née. Elle leur adressa ces tristes adieux :

Je naquis pour t'aimer, immortelle nature.
J'aime à voir le printemps te couronner de fleurs ;
Et, quand les noirs frimas ont flétri ta parure,
J'aime encor ta tristesse et tes sombres couleurs.

J'aime le mont désert, la forêt sans ombrage,
Les rameaux jaunissans de l'antique noyer,
J'aime à voir la fumée en ondes tournoyer
Au dessus des toits du village.

Hélas ! près de quitter ces lieux,
Le front triste et penché, le cœur gonflé de larmes,
Je les parcours d'un pas tardif et douloureux ;
Non, jamais à mes yeux ils n'eurent plus de charmes.

. . . .
. . . .
. . . .
. . . .

Adieu le grand noyer, la croix de la colline
J'y pensais déposer une modeste fleur,
Le bâton de la pèlerine
Et ce luth confident d'une longue douleur.

Ainsi ne le veut point ma destinée errante,
Il faut chercher au loin un autre air, d'autres cieux,
Livrer mon frêle esquif à la mer inconstante,
Aux vents capricieux !

Adieu donc, champs aimés ! Aux derniers jours d'automne,
On ne me verra plus, sous un ciel pâle et gris,
Seule, au bord du rocher que le bouleau couronne,
Jetant de longs regards sur les vallons flétris.

Adieu, naïve enfant, jeune et douce compagne!
Tu ne me verras plus suivre tes pas joyeux,
Sourire à tes progrès et partager tes jeux,
Et cueillir avec toi des fleurs sur la montagne.

. . . .
. . . .
. . . .
. . . .

Quand l'hiver gèlera la terre dépouillée,
Tu ne me verras point aux murs du vieux manoir
Te bercer doucement sur mes genoux, le soir,
Et par de longs récits abréger ta veillée.

Ah! qu'un ciel doux et pur sur toi brille à jamais!
Qu'un ange, aux doux regards, te couvrant de son aile,
Cache aux vents orageux cette plante si frêle,
Et te fasse des jours de bonheur et paix.

. . . .
. . . .
. . . .
. . . .

Et, parfois, mon amour, pense à l'amie absente,
Qui te balançait dans ses bras,
Pense aux noirs aquilons, à la vague grondante,
A l'abîme ouvert sous ses pas!

Lève les yeux au ciel alors qu'un noir nuage
En ternira l'azur!
A celle qu'on implore au moment du naufrage,
Offre pour nous les vœux de ton cœur simple et pur!

Nos voyageurs remarquèrent sur leur route plusieurs choses dignes de fixer l'attention. Dans une plaine qu'ils traversèrent, étaient éparses une infinité de pierres, que les naturalistes désignent sous le nom de bélemnites; lorsqu'on les fait chauffer sur un charbon ardent, elles exhalent une forte odeur de soufre. Quelques savans croient qu'elles se forment dans les nues, et qu'elles tombent avec le tonnerre; d'autres les regardent comme une sorte de coquillages pétrifiés. Dans un autre lieu, Valérie vit avec étonnement un grand nombre de ces monumens qu'on trouve fréquemment dans la contrée qu'elle habitait, et qu'on croit être des autels druidiques.

Après deux jours de route qui s'écoulèrent bien rapidement, on arriva au pied de la montagne, terme du voyage, et l'on commença à monter par une pente encore assez douce. On n'était pas encore parvenu à une grande hauteur, lorsque le ciel se chargea de lourds et épais nuages qu'un vent humide poussait les uns contre les autres, et presque aussitôt des flocons de neige remplirent l'air et couvrirent au loin la terre autour de nos voyageurs. Plus on s'élevait, plus les flocons tombaient pressés, plus la brise était froide. A une certaine hauteur, on vit le sol couvert d'un pied de neige, tombée depuis trois ou quatre jours; ce tapis glacé s'étendait comme une nappe éblouissante sur les sommets onduleux des montagnes, étagées en amphithéâtre, et dont les plus éloignés se confondaient avec l'horizon.

Valérie admirait ce spectacle pour elle aussi nouveau qu'imposant.

Elvire répétait à voix basse, mais avec l'accent de l'enthousiasme, ces beaux vers inspirés pas la vue des Alpes à une muse bien digne de les chanter *.

Blancs sommets qui d'Ander couronnez les campagnes,
Comaro, Saint-Gothard, vieux géans des montagnes,
Salut! J'aime vos rocs l'un sur l'autre entassés;
Comme l'aigle échappé de vos grottes profondes,
J'aime à franchir les ondes
De vos torrens glacés!

Mais soudain les nuages descendent, ils s'amoncèlent, ils sont si bas, qu'on croirait pouvoir les toucher en élevant la main.

* M. Félici d'Aizac.

Les chevaux marchent avec peine sur la neige épaisse et gelée qui couvre le sol devenu plus glissant. La voiture, allant au pas entre cette route blanche et ce ciel blanc, paraît glisser entre deux grands linceuils. Bientôt les voyageurs furent obligés de la quitter.

M. de Montrol prit sa fille dans ses bras, et l'on s'achemina à pied vers le hameau encore éloigné, et qu'on apercevait à peine, à demi enseveli sous les neiges.

Après une marche assez pénible, les voyageurs se virent dans un lieu élevé, où tout portait la trace de volcans éteints.

De là, les regards embrassent un vaste et magnifique horizon, et s'égarent sur quatre provinces, dont chacune offre une riche variété de productions, de sites et de points de vue délicieux; quatre grandes rivières les parcourent, les fertilisent, les entourent plusieurs fois dans leur marche sinueuse, et leur apportent les eaux d'une foule de ruisseaux, leurs tributaires.

Il est doux, durant les beaux jours, de

uir de ce coup-d'œil, de suivre dans leurs ›nds impétueux les torrens qui s'élancent ı haut des monts et coulent à travers les ›ches volcaniques, les vertes forêts, les nmenses pâturages. Il est doux de voir essortir sur le vert foncé des pacages les ives couleurs de ces brillantes fleurs alpi- es, qui s'offrent si nombreuses et si va- iées aux yeux des voyageurs enchantés.

Il n'est pas moins doux peut-être pour âme sensible aux imposantes beautés de la ature de jouir de l'aspect de ce même lieu ans la saison des frimas.

L'éblouissant tapis qui couvrait au loin es montagnes en faisait mieux admirer les racieuses ondulations. Leurs larges cîmes, ci, supportaient des plaines qui, en ce noment d'un blanc uniforme, semblaient ıvoir doublé d'étendue ; là, étaient des lacs ıux flots d'azur, au lit profond, aux rives pittoresques et hérissées de rocs volcani- ques, de cailloux vitrifiés, de ruines qui ıttestent qu'en ce lieu fut jadis une cité que la montagne engloutit dans ses entrailles, alors brûlantes. Plus loin, des torrens se brisant sur des rochers, jettent autour d'eux une vapeur légère et brillante comme un voile de gaze d'argent.

Une antique forêt bornait la vue d'un côté; les vents sifflaient entre les rameaux blanchis de ses arbres séculaires, et l'on croyait distinguer les hurlemens des loups et des ours, mêlés au fracas des vagues, aux longs mugissemens des aquilons furieux

L'heure était avancée, et le père de Valérie, impatient de la voir abritée sous un toit, hâta sa marche vers celui où l'attendait l'hospitalité, se proposant de parcourir, après quelques jours de repos, cette majestueuse et intéressante région.

Une légère colonne de fumée, s'élevant au milieu de la neige qui couvrait chacun des toits du village, réjouit le cœur de nos pélerins.

Ils admiraient, en s'en approchant, ce hameau si blanc qu'on l'eût cru taillé dans l'albâtre; l'humble demeure du pasteur, en qui les pauvres de ces contrées trouvent un autre Fénelon ; l'église avec son clocher brillant comme une colonne de marbre grec dont aucune veine, aucune tache n'altère la pure blancheur.

Le parent que M. de Montrol allait visiter habitait une maison pittoresque non loin du modeste presbytère ; il ne s'y rendait néanmoins que par un sentier tracé dans l'épaisseur des neiges.

Tout près d'atteindre le toit qu'ils appelaient de leurs vœux, les voyageurs entendirent le son religieux d'une cloche et les aboiemens du chien du logis ; puis, ils virent briller des lumières qui s'avançaient vers eux, et leur hôte parut, accompagné de deux serviteurs portant pour flambeaux des branches enflammées d'un bois résineux et odorant.

HUITIÈME ENTRETIEN.

Règne animal. — Les chiens du mont Saint-Bernard. — Les vaches à la montagne. — Oiseaux. — Poissons. — Reptiles , etc.

Ainsi que la raison, l'instinct a ses degrés *.

Le vent des nuits battait la vitre solitaire **

DANS une chambre bien close, auprès d'un cheminée que remplissait le tronc entier d'un chêne embrasé, Valérie, à demi couchée sur les genoux de son père, et entourée de quelques amis de sa famille, faisait à l'un de tendres caresses, offrait à

* Dellile.

** L. B.

l'autre un petit ouvrage qu'elle avait fait pour lui, et adressait à tous des questions naïves; tout ce qu'elle voyait excitait vivement sa curiosité.

Elvire témoigna le désir d'aller, lorsque le temps le permettrait, visiter les ruines de l'ancienne abbaye qu'on voit à peu de distance, et, à propos de ce pieux établissement, elle parla des autres maisons de ce genre, et mentionna la plus célèbre de toutes, l'hospice du Grand-Saint-Bernard.

Aussitôt Valérie, avec la vivacité de son âge, demanda : *Qu'est-ce que ce grand Saint-Bernard, Elvire?*

ELVIRE.

Je t'ai souvent parlé des Alpes. Le mont Saint-Bernard est un des plateaux les plus élevés de ces montagnes. Il s'appelait autrefois *mons Jovis*, du nom d'une divinité païenne, à laquelle on avait consacré en ce lieu un temple célèbre.

Ce séjour est celui des neiges éternelles. Là, tout est morne, stérile et glacé. Le froid y est tel que nulle fleur n'y peut éclore, nul fruit n'y peut mûrir, nulle plante n'y peut prospérer. A peine y trouve-t-on quelques lichens languissans, quelques mousses décolorées. Nul être humain n'y peut habiter long-temps sans éprouver la fatale influence d'un climat si rigoureux.

Cependant, ce lieu désolé était, il y a déjà bien des siècles, un passage fréquenté par les voyageurs, et beaucoup succombaient dans cette périlleuse traversée.

Malheur à celui qui s'égarait dans ces solitudes! Bientôt il tombait sans force et mourant. Le froid engourdissait ses membres; ses paupières se fermaient, appesanties par un sommeil de plomb, et il demeurait à jamais endormi sous la neige qui ne tardait pas à le couvrir d'un suaire livide et glacé.

Malheur à celui que surprenait dans sa course aventureuse le tonnerre de la neige, la redoutable avalanche! L'infortuné sentait en frémissant un sol perfide mugir et se dérober sous ses pas, on voyait, d'un œil égaré, fondre sur sa tête la montagne de glace qui venait le pulvériser.

Il fut un temps où la charité chrétienne, toujours prête à soulager toutes les douleurs, s'inquiétait particulièrement des dangers que couraient les voyageurs. A cette époque, plusieurs couvens et hospices s'élevèrent en divers pays, pour offrir à ceux qui passaient, abri, secours et protection. — On vit des ordres religieux se former, pour se vouer uniquement aux travaux de la constrution et de l'entretien des ponts.

Ce fut dans ce temps que des hommes, remplis d'une héroïque charité, se résignèrent à habiter la sévère région dont nous parlons, pour consacrer au salut de ceux qui traversaient ces hautes Alpes une vie qu'un dévouement si sublime ne pouvait manquer d'abréger.

Un siècle environ après, un saint prêtre nommé Bernard, habitant de la ville d'Aost, donna un nouvel éclat à ce monastère qu'il gouverna durant quarante années. Ce grand saint vivait au neuvième siècle. L'institution à laquelle il a donné son nom continue à fleurir dans ces solitudes de glaces; et de loin, les voyageurs de ces régions saluent la sainte maison, comme ceux des déserts africains saluent l'oasis ou le palmier que la main de Dieu place sur leur route brûlante.

Les hommes, véritablement admirables, qui se consacrent à un si pieux ministère, sont ordinairement au nombre de vingt-cinq ou trente. Leur supérieur porte le titre de prévôt. Outre la maison dont je viens de te parler, ils en possèdent une autre, située dans une température plus supportable. Ils y envoient leurs vieillards, leurs malades et ceux d'entre eux dont la constitution est trop délicate pour le climat de la maison principale, qui est, dit-on, l'habitation la plus élevée de l'Europe.

Parmi ceux qui restent à la montagne, deux ou trois sortent chaque soir à une certaine heure, et s'en vont chercher dans tous les environs les voyageurs qui pourraient s'être égarés.

Les enfans de Saint-Bernard se font accompagner par des chiens qui les secondent merveilleusement dans leurs pieuses recherches ; ces intelligens animaux semblent animés de la même charité que les généreux Solitaires. Ils les précèdent, et, par leurs cris et le bruit d'une sonnette qu'ils agitent à propos, les guident toujours vers le malheureux à qui leurs soins sont nécessaires.

Souvent les chiens vont seuls battre les environs, et leur vue ranime l'espérance dans le cœur de celui qui croyait périr sans secours au milieu de ces déserts.

Par un sentiment de juste reconnaissance, on a conservé les noms et écrit l'histoire de plusieurs de ces héros d'une race fidèle et courageuse.

On voit au musée de Berne le corps empaillé d'un chien nommé Paris, qui contribua à sauver la vie à une vingtaine de personnes.

J'ai eu occasion de voir dans le monde un jeune Anglais qui m'a assuré avoir été arraché à une mort certaine par un de ces hardis et intéressans animaux. Celui-ci était à juste titre appelé *Courage*. Je crois qu'il existe encore.

Ces chiens appartiennent à l'espèce des dogues; ils sont grands, forts, et ne reculent devant aucun obstacle. Dociles, caressans, mais en même temps fiers et jaloux de leur indépendance, ils ne peuvent souffrir le poids flétrissant d'une chaîne. Ils errent librement où bon leur semble, et accourent comme un trait au premier appel de leurs maîtres.

Comme on ne recueille rien autour du couvent, les religieux sont obligés d'avoir un assez grand nombre de serviteurs pour envoyer chercher à plusieurs lieues tous les objets de consommation. Ils exercent l'hospitalité avec la plus grande libéralité. Chaque année, ils reçoivent et hébergent un très-grand nombre de personnes, et leurs revenus, qui sont fort modiques, ne suffiraient pas à cette dépense; mais assez souvent de pieuses offrandes viennent augmentre leurs ressources.

VALÉRIE.

Que j'aimerais d'aller dans ce pays-là ! Comme je caresserais ce bon *Courage !*

ELVIRE.

Ces animaux sont vraiment dignes de l'intérêt, je dirai presque de l'amitié de l'homme. J'ai vu un chien d'une autre espèce, un chien de Terre-Neuve, se précipiter dans le Rhône, et en retirer une jeune enfant de cinq ans qui allait périr dans ses flots rapides, où elle était tombée par accident ; le chien plongea pour l'aller chercher au fond de l'eau et vint à bout, mais non sans des efforts incroyables, de la ramener vivante sur le rivage. En la rendant à sa famille éperdue, le fidèle animal semblait partager la joie des parens de cette enfant : il bondissait autour d'eux avec des transports d'allégresse tels qu'on ne lui en avait jamais vu ; il léchait les mains de la petite fille, et puis se plaçait à côté d'elle d'un air de gravité singulière, comme s'il avait acquis le droit de veiller seul désormais à sa sûreté.

Tout le monde connaît la touchante anecdote que Delille raconte en vers harmonieux dans le poème des Trois Règnes de la Nature : Un homme puissant pressait un malheureux de se défaire d'un chien, son seul ami. — Il vous coûte à nourrir, lui disait-il, et vous est bien inutile; il faut me le céder. — Hélas ! Monseigneur, et qui m'aimera? répondit l'infortuné.

VALÉRIE.

Il avait bien raison ce pauvre homme, et peut-être était-il aveugle encore; comment aurait-il pu se passer de son chien? Moi, je les aimerai bien, ces pauvres bêtes, maintenant que tu m'as raconté l'histoire de cette petite fille. Mais, dis-moi, cette abbaye dont tu veux aller voir les ruines, était-elle une maison comme l'hospice de Saint-Bernard?

ELVIRE.

Elle fut fondée dans le même but. Elle

était située dans un pays sauvage et où les voyageurs couraient mille dangers. On raconte qu'un chevalier, revenant d'un lointain pélérinage, fut attaqué par des brigands sur la lisière d'une forêt, et ne se sauva de leurs mains que par une sorte de prodige, après avoir reçu plusieurs blessures et vu périr plusieurs personnes de sa suite. Mû à la fois par un sentiment de reconnaissance envers la Providence, qui l'avait tiré de ce péril, et, par une tendre compassion pour les pauvres pélerins, il résolut de fonder en ce lieu un hospice, qui, dans la suite, devint célèbre. Le comte, son souverain, et le pontife de Rome, lui permirent de réunir là treize religieux, qui s'engagèrent à servir les pauvres et à exercer l'hospitalité. Ce chevalier se retira et mourut dans la maison qu'il avait fondée, et qui appartint successivement à plusieurs ordres religieux ; mais il eut toujours la même destination. Peu d'années après la mort du fondateur, cette maison réunissait des ecclésiastiques, des chevaliers, dont l'emploi était de servir aux voyageurs de guides

et d'escorte, et des dames de qualité, qui s'y vouaient aux soins des malades.

VALÉRIE.

Et avait-on là aussi des dogues comme ceux des Alpes ?

ELVIRE.

Il paraît qu'il y en a eu, au moins à une certaine époque.

VALÉRIE.

Il est vraiment bien intéressant d'étudier l'instinct des animaux. Je trouve que La Fontaine a bien raison de dire qu'ils peuvent parfois instruire les hommes ; les chiens du mont Saint-Bernard nous offrent de vrais modèles d'intrépidité et de dévouement.

ELVIRE.

La réflexion est assez juste, mon amie, et me rappelle un gracieux apologue que j'ai lu, il y a bien long-temps, dans un fabuliste anglais. Les expressions, les détails ne sont pas présens à ma mémoire, mais je me rappelle à peu près le sujet et le fond de cette petite fable.

VALÉRIE

Eh bien! dis-moi ce dont tu te souviens.

Le berger et le philosophe.

(Fable.)

Bien loin des cités et des académies, vivait un berger, un vieux berger. Il était heureux. Jamais le désir des richesses n'était venu troubler son bonheur; jamais la cruelle envie, l'inquiète ambition, ne s'étaient approchées de son âme paisible. L'âge avait blanchi sa tête, et une longue expérience l'avait rendu sage. Que l'été ramenât la chaleur ou l'hiver la froidure, il soignait son troupeau et son champ, et content de lui et des autres, il bénissait le ciel et gardait sous des cheveux argentés un doux enjouement. Ses heures s'écoulaient rapides, égayées par de joyeux travaux. La prudence et la droiture d'âme de ce bon vieillard lui avaient acquis une renommée qui s'étendait dans les environs, et même fort loin de son village.

Un philosophe profond, un de ces hommes qui consument et leurs jours et leurs nuits à étudier dans les écoles pour apprendre à régler leur vie suivant les lois d'une morale pure, s'en vint un jour trouver dans son humble chaumière le sage du hameau, et d'une voix douce il lui dit : Berger, où donc as-tu appris la sagesse? As-tu pâli sur des livres et laborieusement consumé l'huile qui nourrit durant la nuit la lampe des studieuses veilles? As-tu contemplé Rome et l'antique Grèce? As-tu suivi, dans ses vastes recherches le génie des grands hommes? As-tu, jouet d'une étoile ennemie, erré dans des contrées lointaines, sillonné des mers inconnues, des rivages non explorés, et, cueillant des fruits salutaires sur une plante aux rameaux épineux, as-tu employé les loisirs douloureux de l'exil à t'instruire des lois, des mœurs, des vertus, des peuples chez lesquels le sort t'avait jeté? Parle, berger, d'où te vient la sagesse qu'on admire en toi?

Le villageois répondit d'un ton modeste : Plus humble et plus heureuse fut ma destinée. Je n'ai point parcouru le sentier glorieux mais ardu de la science ; je n'ai point consumé l'huile qui nourrit la lampe des studieuses veilles; je ne connais ni Rome ni la Grèce ; j'ignore les langues, les travaux et jusqu'aux noms des hommes illustres qui ont brillé dans les anciens âges ; je n'ai point cherché des peuples nouveaux sur des rivages inconnus.

Tout le peu que je sais, je l'ai appris des humbles créatures dont je suis entouré ; je l'ai appris de la nature, qui m'a instruit par leur exemple.

L'industrieuse abeille, que je vois chaque jour cueillir un doux nectar au calice des fleurs, me fait aimer le travail; à son exemple, je remplis exactement ma tâche journalière.

Pourrai-je négliger le soin de l'avenir en présence de la prévoyante fourmi?

Mon chien, mon fidèle Azor, cet ami dévoué entre tous ceux de sa race, m'enseigne le dévouement et la reconnaissance.

Peut-on trouver un modèle plus touchant de l'amour maternel que cette poule qui, d'une aile pieuse, réchauffe et protége ses petits nus et tremblotans?

Voyez l'oiseau de la forêt : avide, il cherche dans les broussailles le grain qui doit nourrir sa famille : joyeux, il porte à ses enfans la pâture qu'ils attendent dans leur couche aérienne, dans ce nid construit avec tant de soin pour cacher leur nudité débile. Cet oiseau de la forêt, ne peut-il pas servir d'exemple à un chef de famille!

De même que les vertus que je dois partiquer, la nature me fait connaître les vices que je dois fuir. Elle m'apprend à éviter ce qui attire le mépris ou le ridicule.

Je me garde de prendre dans la conversation un ton de hauteur et d'importance; car, me dis-je, nous détestons le hibou et sa maussade gravité.

J'ai appris à tenir souvent ma bouche

close et ma langue enchaînée; le bruyant babil de la pie m'a fait prendre en horreur les propos vides et frivoles.

Je vois qu'on fuit avec épouvante le serpent au dard empoisonné, et je me dis : Gardons-nous de la calomnie dont les venins sont plus meurtriers encore.

Le philosophe reprit : Berger, ta renommée n'est point menteuse. Sans consumer ta vie dans de longues veilles, sans quitter ta douce patrie, sans perdre de vue le toit de tes pères, tu as acquis une vraie sagesse. La nature est prodigue d'utiles enseignemens, mais heureux, ô vieillard, heureux est celui qui sait en profiter comme toi!

VALÉRIE.

Merci de ta jolie histoire, ma bonne Elvire; je tâcherai d'être sage à la façon du vieux berger; et, puisque l'abeille industrieuse est la première qu'il se propose pour exemple, je m'en vais comme elle accomplir avec exactitude ma *tâche journalière.* Ce ne sera pas sans peine, tu me dis, et je dois reconnaître que je suis un peu pares euse ; mais je veux la vaincre, cette pares e.

Voilà une bien louable résolution, ma jeune amie, dit en embrassant Valérie le maître de la maison, vieillard classique, et qui usait volontiers dans la conversation du style de l'églogue : voilà une louable résolution ; ne l'oubliez jamais. Sucez les fleurs d'une bonne et sage instruction, comme l'abeille celles de nos jardins ; vous amasserez un trésor mille fois préférable à celui qu'elle recueille, un trésor de connaissances, de vertus et de talens aimables, qui charmeront votre vie et celle des personnes qui vous entoureront. Mais voulez-vous qu'on goûte les charmes de votre esprit cultivé? Gardez-vous, ma petite amie, gardez-vous de chercher à briller ; rappelez-vous bien que

L'esprit qu'on veut avoir gâte celui qu'on a.

Une jeune personne montre la supériorité de son jugement et l'excellence de l'éducation qu'elle a reçue par défiance qu'elle a d'elle-même. La modestie ajoute à l'éclat des talens je ne sais quoi d'attendrissant qui charme et qui captive.

Dans la nature, les objets les plus gracieux semblent chercher l'obscurité. Nous aimons cette violette qui, cachée dans le gazon, ne révèle sa présence que par son doux parfum; nous aimons ce musicien des bois, ce rossignol qui n'exhale que dans l'ombre de la nuit et dans la profondeur de la forêt ses chants mélodieux : ces chants nous semblent une harmonie mystérieuse, une voix de la solitude.

VALÉRIE.

Il est vrai que le rossignol ne chante qu'au fond des bois, comme s'il avait peur de notre admiration et qu'il ne voulût charmer que Messieurs les loups. Parlez-moi des petits serins, il nous amusent, ils chantent pour nous.

ELVIRE.

Oui, ils sont, comme on l'a dit, les musiciens des salons.

VALÉRIE.

Ils apprennent aussi les airs qu'on veut leur enseigner, tandis que le rossignol ne fait entendre que son ramage naturel.

ELVIRE.

Mais aussi combien il est beau, ce ramage! Que de flexiblité dans ce gosier! quelle expression dans ses accens! Oui, quoi qu'il n'ait ni la force ni l'éclat de la beauté, le mélodieux rossignol me semble le roi des habitans de l'air.

VALÉRIE.

Comment, tu voudrais détrôner l'aigle?

M. DE MONTROL.

Valérie a raison. Nous accorderons comme vous, Elvire, notre admiration à l'Orphée des bocages; mais l'aigle, fort, intrépide, magnanime, doit rester sur le trône où l'ont dès long-temps placés les poètes et les naturalistes : il demeure roi des peuples de l'air, comme le lion est celui des animaux

de la terre. Ecoutez, ajouta M de Montrol en ouvrant un livre placé près de lui, ce que Buffon nous dit de ces deux puissances :

« L'aigle a plusieurs ressemblances phy-
» siques avec le lion : la force, et par con-
« séquent l'empire sur les autres oiseaux,
» comme le lion sur les quadrupèdes : la
» magnanimité; ils dédaignent l'un et l'au-
» tre les petits animaux, et méprisent leurs
» insultes; ce n'est qu'après avoir été long-
» temps provoqué par les cris importuns de
» la corneille et de la pie, que l'aigle se
» détermine à les punir de mort; d'ailleurs
» il ne veut d'autre bien que celui qu'il con-
» quiert, d'autre proie que celle qu'il prend
» lui-même : la tempérance; il ne mange
» presque jamais son gibier en entier, et il
» laisse, comme le lion, les débris et les
» restes aux autres animaux; quelque affa-
» mé qu'il soit, il ne se jette jamais sur les
» cadavres. Il est encore solitaire comme le
» lion, habitant d'un désert dont il défend
» l'entrée et l'usage de la chasse à tous les
» autres oiseaux; car il est peut-être plus

» rare de voir deux paires d'aigles dans la » même portion de montagne, que deux » familles de lions dans la même partie de » forêt. Ils se tiennent assez loin les uns » des autres pour que l'espace qu'ils se sont » départi leur fournisse une ample subsis- » tance; ils ne comptent la valeur et l'éten- » due de leurs royaumes que par les pro- » duits de la chasse. »

VALÉRIE.

Je croyais que le lion était bien méchant, comme le tigre?

M. DE MONTROL.

Tous ceux qui ont étudié ces redoutables animaux assurent que leurs caractères sont bien différens. Le tigre, cruel par instinct, se plaît à déchirer sa proie; il l'attaque sans faim; il la torture sans pitié. Rien ne peut dompter son humeur féroce; il est perfide.

Le lion, au contraire, est susceptible d'attachement, de reconnaissance et de générosité, témoins le lion de Florence et celui d'Androclès.

VALÉRIE.

Bon, voilà deux histoires pour moi.

M. DE MONTROL.

Prie ta cousine de te les raconter.

VALÉRIE.

Aurais-tu cette bonté, Elvire?

ELVIRE.

Je le veux bien, puisque tu as été sage. La dernière de ces histoires a été mise en vers que tu pourrais apprendre par cœur. Les voici.

Vous connaissez l'horreur des spectacles affreux
Dont les Romains faisaient le plus doux de leurs jeux.
Ce peuple qui donnait, par un mépris bizarre,
A tout peuple étranger le titre de barbare,
Ne repaissait ses yeux que des pleurs des mortels,
Et de sang arrosait ses théâtres cruels.
Aux tigres, aux lions livrant des misérables,
Il se divertissait de leurs cris lamentables;
Il exposait aux ours des esclaves tremblans,
Pour en voir disperser tous les membres sanglans
Le grave sénateur allait voir ces supplices,
Et la jeune vestale en faisait ses délices.
Un jour, un criminel, entraîné dans ces jeux,
Victime du plaisir d'un peuple furieux,

Par les dents d'un lion tout écumant de rage,
Allait, par son supplice, augmenter le carnage :
Quand le fier animal sur le pâle captif
Attachant tout à coup un regard attentif,
S'approche, bat ses flancs, témoignage de joie,
Baisse les yeux, se couche, et caresse sa proie.
Tout le cirque étonné fait retentir ses cris,
L'esclave rassuré rappelle ses esprits;
D'un tel événement chacun cherche la cause;
Lui-même à l'empereur en ces mots il l'expose :
« Asservi sous le joug d'un esclavage affreux,
» Rebuté des tourmens d'un maître rigoureux,
» De sa maison funeste enfin je pris la fuite;
» Et, pour mieux échapper à sa vive poursuite,
» Je cherchais des déserts sablonneux et profonds,
» Asiles fortunés à mes pas vagabonds.
» Prêt à périr de faim dans ces climats sauvages,
» Trop heureux d'éviter mon maître et ses outrages,
» Dans un antre couché, rêvant à ma douleur,
» Je laissais du soleil éteindre la chaleur,
» Lorsque dans ma retraite entre un lion horrible ;
» Il poussait de grands cris dont tout l'antre tremblait.
» De sa patte offensée un sang noir ruisselait;
» Il me voit, il s'approche en montrant sa blessure.
» Je frémissais d'abord, enfin je me rassure;
» Lui-même, se taisant pour ne pas m'effrayer,
» Me présente sa patte et semble me prier.
» Je la prends, je l'essuie, et ma main courageuse
» En arrache aussitôt l'épine dangereuse.
» L'animal, fatigué des tourmens dont il sort,
» Sa patte entre mes mains, se repose et s'endort.
» Mais après, s'attachant à mon sort misérable,
» Ce lion me devint un ami secourable.
» A la chasse toujours courant dès le matin,
» Il venait avec moi partager son butin.
» Enfin, las de traîner, sans autre compagnie,
» Dans ces sombres déserts une fatale vie,
» Je m'enfuis. Insensé ! Je courais au trépas.

» Dans ma fuite bientôt surpris par des soldats,
» Mon maître me revoit, et sa prompte justice
» D'un esclave échappé prononça le supplice.
» Sans doute qu'en ce temps le lion enchaîné
» Comme moi pour ces jeux ici fut amené.
» C'est ce même animal dont la reconnaissance
» De mon service encor me rend la récompense;
» C'est lui qui, tout à coup sensible à mes bienfaits,
» A perdu sa fureur en revoyant mes traits. »

L'Empereur admira cette amitié nouvelle.
L'esclave avec sa grâce, eut ce lion fidèle,
Qui partout de son maître accompagnait les pas,
De ses chères forêts oubliant les appas;
Et, le voyant passer, chacun disait dans Rome :
Le voilà, ce lion si favorable à l'homme *.

VALÉRIE.

Vive ce bon lion! il vaut mieux que les Romains. Les méchans hommes! Je tremblais pour le pauvre esclave. Puisque le voilà sauvé, passons à la seconde histoire.

ELVIRE.

Elle est courte. Un lion, échappé d'une ménagerie, saisit un jeune enfant et allait le dévorer. La mère de ce petit malheureux, éperdue, hors d'elle-même, se jette aux pieds de ce terrible animal. Aux cris de

* Les Trois Règnes. — Chant. VII.

cette mère désespérée, à ses larmes, aux supplications que dans son égarement elle lui adresse, le lion semble oublier et sa faim et sa fureur : il regarde cette femme, il paraît l'écouter, la comprendre ; enfin, comme s'il était touché de sa peine, il lui rend l'enfant qu'elle redemande et à qui il n'a pas fait le moindre mal.

VALÉRIE.

Pauvre petit ! Qu'il dut être content de se revoir dans les bras de sa maman ! Quelle peur il avait dû avoir, bon Dieu ! Mais, le lion avait donc compris ce qu'elle disait, cette maman ?

ELVIRE.

Peut-être : le désespoir a des accens si expressifs, une éloquence si naturelle ; l'amour maternel aussi et tous les mouvemens impétueux de l'âme ont quelque chose de si instinctif, que je croirais volontiers que les mots qui les expriment sont intelligibles pour une créature douée d'un instinct aussi supérieur que celui du lion.

Les deux traits que je viens de te rapporter ne sont pas plus incroyables que beaucoup d'autres, dont on ne peut pas mettre en doute l'authenticité. On a vu des cénobites faire leur compagnie des animaux les plus féroces, se les attacher et s'en faire obéir.

Nos animaux domestiques apprennent tous la signification de quelques mots de la langue humaine ; ils obéissent à nos ordres verbaux ; il semblent flattés de nos éloges ; nos reproches les rendent tristes et confus. Le chien qui reconnaît l'assassin de son maître, et celui qui s'obstine à mourir sur le tombeau sanglant de sa royale maîtresse, montrent, l'un autant d'intelligence, l'autre encore plus de sensibilité que notre magnanime lion.

Comment ne pas admirer l'instinct de quelques animaux qui vivent dans nos cours ou dans l'intérieur de notre maison ?

Les uns, sentinelles vigilantes, font la sûreté de nos demeures ; les autres partagent nos travaux. Le bœuf sillonne le champ qui nous nourrit ; la douce brebis nous livre son lait et sa toison ; le coq matinal sonne notre réveil : c'est la trompette du hameau. Parlerai-je du chat, souple et gracieux ? Il est, dit-on, perfide. Cependant il est susceptible d'éducation et d'attachement ; j'en pourrais citer des exemples : J'ai vu un chat, appatenant à une pauvre femme qui l'aimait et le caressait beaucoup, refuser toute espèce de nourriture et donner des marques de la plus vive douleur en voyant sa maîtresse malade.

Nous avons déjà parlé du chien : il suffit de le nommer pour rappeler ce qu'a de plus touchant l'attachement le plus désintéressé. Le cheval, presque autant que lui fidèle, et le plus, brillant, fier, belliqueux, a été chanté mille fois. Les poètes et les peintres ont épuisé leurs couleurs à nous retracer dans toutes les attitudes ce noble et vaillant compagnon de l'homme. Le bruit des armes l'électrise, le son de la trompette lui donne des ailes. Le cheval a le courage militaire, mais le chien, à qui je reviens toujours avec charme, le chien a le courage du dévouement. Le coursier combat pour la gloire, le chien lutte jusqu'à la mort pour défendre son maître : l'un est guerrier, l'autre est ami.

Je pourrais vanter la patience de l'âne, ce serviteur si utile et si méconnu, mais que Buffon et Delille ont bien vengé de nos mépris.

Le chameau, sobre, infatigable, est appelé le navire du désert, la providence des caravanes. Mais de tous les quadrupèdes, le plus remarquable, sans aucune comparaison, c'est l'éléphant. Sa prodigieuse grandeur, sa force, le rendraient un objet d'effroi, s'il n'était aussi généreux que redoutable. La nature l'a doté d'un organe qui lui rend les mêmes services que nous rendent nos mains.

VALÉRIE.

Oui, sa trompe : que cela me parut drôle! C'est comme un grand serpent qui lui pend au bout du nez.

ELVIRE.

Cette trompe se termine par deux doigts, avec lesquels l'éléphant peut saisir les objets les plus menus.

VALÉRIE.

Celui que tu m'as fait voir s'en servit pour déboucher fort adroitement une bouteille de vin, qu'il but, nous dit son gardien, à la santé de la compagnie.

ELVIRE.

Les peuples de l'Inde avaient divinisé l'éléphant. Cet animal surpasse le lion en magnanimité ; il égale le chien en intelligence.

Le Kangouro est le plus grand animal de la Nouvelle-Hollande. Il se tient sur les pieds de derrière et sur sa queue, qui est très-grosse et très-vigoureuse. De cette manière, il s'élance à de très-grandes distances ; mais ses extrémités antérieures sont petites et faibles. Quoiqu'il ait quelquefois cinq ou six pieds de haut, ses petits naissent longs tout au plus d'un pouce, et à peine formés. La mère les retire dans une poche qu'elle a sous le ventre, comme les sarigues; ils y reviennent au moindre danger, même fort long-temps après que leur mère a cessé de les allaiter. Cette circonstance a fourni à un poète aimable le sujet d'une de ses plus jolies fables.

VALÉRIE.

Tu me l'as fait apprendre : c'est *La sarigue et ses petits.*

ELVIRE.

Je ne sais si je t'ai jamais parlé des castors.

VALÉRIE.

Oui, tu m'as dit qu'ils se bâtissaient de jolies cabanes. Comment les font-ils?

ELVIRE.

La nature leur a donné une queue large et aplatie, qui les sert très-bien dans leurs travaux de construction.

Voici ce que dit le savant anglais Hearne de ces petits architectes :

« Ils choisissent pour bâtir des eaux assez profondes pour qu'elles ne se gèlent point jusqu'au fond : tantôt de petits lacs, tantôt de petites rivières ou des ruisseaux. En général, ils préfèrent les eaux courantes. Ils établissent en travers une digue faite de bois et de branchages mêlés de pierres et de limon ; ils donnent à cette digue une courbure convexe du côté du courant, quand il est rapide. Cette digue, réparée fréquemmens et avec soin, acquiert au bout de quelques années une grande solidité ; les branches y germent et souvent forment une haie où de petits oiseaux placent leurs nids.

Les huttes sont de différentes grandeurs ; chacune d'elles est en proportion avec le nombre d'individus qu'elle doit abriter. Quelquefois les castors divisent leurs maisons en plusieurs appartemens ; la porte d'entrée de ce curieux édifice est placée sous l'eau.

Les castors traînent leurs provisions sous l'eau pour les introduire dans leurs maisons, et les portent ordinairement dans la partie supérieure de ce petit palais. Chaque année, ils en recouvrent le toit d'une nouvelle couche de limon, et ils ont la précaution vraiment surprenante de faire cette réparation aux approches de la gelée, afin que leur ouvrage se consolide mieux.

Au printemps, ils quittent leurs demeures; la peuplade se disperse pour l'été.

Au commencement de l'hiver, elle ne se réunit pas toujours dans le même lieu. Ils abandonnent leurs petites cités quand ils trouvent à s'établir ailleurs plus commodément. Bien qu'ils ne bâtissent que vers le commencement de l'hiver, ils ont la prévoyance d'abattre le bois et de réunir les matériaux nécessaires à leurs constructions dès le milieu de l'été.

Ils ont soin de creuser toujours le long du rivage de grands terriers pour se réfugier en cas d'attaque. »

VALÉRIE.

Pourrais-tu me faire voir des castors?

ELVIRE.

Il n'y en a pas dans ce pays-ci ; on les trouve principalement en Amérique. Mais il y a partout des objets intéressans à observer.

On voit sur nos montagnes les vaches se rendre deux fois par jour à l'appel du berger pour se faire traire. Chacune est nommée à son tour et arrive lorsqu'elle entend prononcer son nom. Jamais il n'y a la moindre confusion.

VALÉRIE.

Comme les soldats répondaient l'un après l'autre quand on faisait l'appel. Tu sais, à la ville.

ELVIRE.

« Ces animaux, qui, dans leurs étables
» et dans les pâturages même des villages,
» sont si patiens et si doux, et que les plus
» grands efforts ont de la peine à mettre
» dans une certaine activité, montrent à la
» montagne un air courageux, un aspect

» fier et sauvage. Si un loup paraît dans le
» pacage, ils s'entre-avertissent aussitôt par
» un cri connu. Ils accourent de tous côtés
» vers l'endroit d'où est parti le signal d'a-
» larme ; ils se rangent en cercle autour de
» l'ennemi, et, s'il a eu l'imprudence de se
» laisser envelopper, il est bientôt percé
» de cent coups de cornes.

« Un voyageur, assez mal avisé pour
» traverser les montagnes avec un chien qui
» par sa couleur ou par sa forme aurait
» quelque ressemblance avec le loup, cour-
» rait les plus grands dangers pour sa vie.
» Le chien serait poursuivi dans l'instant
» par des milliers de vaches, et comme son
» instinct le porterait, ainsi qu'on l'a vu
» plusieurs fois, à se refugier sous le ven-
» tre du cheval de son maître, le maître,
» le cheval et le chien seraient bientôt écra-
» sés ou éventrés avec une fureur dont on
» n'a point d'idée, et que tous les bergers
» ensemble ne retiendraient pas.

» Trois jeunes gens de ma connaissance

» passant un jour auprès d'une vacherie, » voulurent, pour s'amuser, contrefaire le » beuglement d'un veau qu'on emmène. » Aussitôt toutes les vaches se levèrent en » poussant des cris effroyables. On vit les » claies du parc renversées ou emportées » au bout des cornes, les vaches courir la » queue en l'air vers les jeunes imprudens, » qui n'eurent rien de plus pressé que de » grimper sur quelques arbres, qu'ils trou- » vèrent heureusement pour eux le long de » leur chemin *. »

En causant ainsi, Valérie portait souvent ses regards sur une volière où de petits serins chantaient et s'ébattaient joyeusement.

Les charmans petits! s'écria l'enfant : rien de si joli que les oiseaux!

ELVIRE.

Ceux de nos climats sont en général modestement vêtus. Mais, en leur refusant l'éclat des couleurs, la nature leur a donné l'élégance des formes, la grâce des mouve-

* Mém. pour servir à l'Hist. du Rouergue.

mens, et beaucoup d'entre eux ont un chant agréable. La linotte, la fauvette, ont des accens vifs, gais et doux comme le babil de l'enfance. Le bouvreuil et le gentil chardonneret unissent à un joli ramage une parure un peu plus brillante. Le rossignol enchante les forêts de ses accords ravissans.

Je ne te parle pas aujourd'hui des oiseaux brillans de l'Amérique. J'aurai bientôt occasion de t'en faire voir de superbes.

VALÉRIE.

Est-il vrai que le serpent a la puissance d'attirer les petits oiseaux comme par enchantement, et de les forcer à descendre dans sa gueule?

ELVIRE.

Oui, on l'a mille fois observé. Le serpent, *la plus subtile des bêtes des champs*, semble avoir une puissance mystérieuse et fatale.

« Objet d'horreur ou d'admiration, les
» hommes ont pour lui une haine implaca-
» ble ou tombent devant son génie. Aux

» enfers, il arme le fouet des furies; au ciel, » l'éternité en fait son symbole. L'envie le » porte dans son cœur, et l'éloquence, à » son caducée. Il possède encore l'art de » séduire l'innocence; il enchante les oi- » seaux dans les airs, et, sous la fougère » ou près de la crêche, la brebis lui aban- » donne son lait *. »

Les animaux qui peuplent la terre sont innombrables et infiniment variés de forme, de grandeur, de mœurs et de caractère.

La mer, dans ses gouffres sans fond, voit s'agiter aussi des milliers de nations diverses. La baleine pèse sur les flots comme une île mouvante; le vorace requin suit les vaisseaux, prêt à engloutir ce que voudra lui jeter la tempête. A côté de ces monstres immenses, nagent des êtres presque imperceptibles. Les uns s'alongent sur les eaux comme des fils déliés; d'autres végètent dans leurs écailles, sur les écueils, et d'autres rampent dans la vase fangeuse.

Dans les airs, sur la terre, même variété,

* Chateaubriand.

même richesse, même immensité. Le grand condor se balance sur des ailes pareilles aux voiles d'un navire. L'éléphant porte des tours et des maisons, la girafe s'élève à la hauteur du palmier, dont elle broute le feuillage ; tandis que des verres merveilleux nous font découvrir dans une goutte d'eau des centaines d'êtres animés.

Dieu fait éclater sa puissance dans toutes les parties de ce vaste univers. On ne peut assez l'admirer, quand on voit la même providence tracer leur route invariable à des mondes errans dans l'espace, et veiller à la conservation d'un ciron !

Un philosophe anglais dit que l'homme qui cherche Dieu de bonne foi le trouve partout, que, dans chaque objet de la création, dans chaque être vivant, dans chaque minéral, dans chaque plante, il voit la Divinité se manifester et resplendir, comme Moïse la vit jadis éclater dans le buisson ardent ?

NEUVIÈME ENTRETIEN.

L'homme. — Sa destinée présente et future.

Sujets, abaissez-vous, votre roi va paraître;
Lui seul de la raison suit le divin flambeau,
Sait distinguer le bon, sait admirer le beau;
Lui seul dans l'univers sait par un art suprême,
Se séparer de lui pour s'observer lui-même;
Aux spectacles pompeux dont ses yeux sont témoins
S'unit par ses pensers comme par ses besoins;
Par la réflexion accroît son éloquence;
Il connaît sa faiblesse, et c'est là sa puissance.

DELILLE.

Lorsque je dormirai sous le marbre insensible,
Quand le plomb du cercueil sur mon cœur pèsera,
Dis-moi, flambeau divin, essence incorruptible,
Mon âme! quel séjour devant toi s'ouvrira?

PAULINE FLAUGERGUES,
Les Fins de l'Homme, poème.

INEXORABLE temps! rien ne peut-il donc résister à ton pouvoir destructeur? L'arc de triomphe s'écroule sous tes pas de géant.

Renverser les hautes colonnes, arracher les fondemens des temples, ne sont qu'un jeu de ton bras puissant Les arts livrent leurs monumens à ta main insatiable. Ton regard corrode et détruit les merveilleux ouvrages de l'homme. Que dis-je? N'oses-tu pas, rival audacieux du Créateur lui-même, attaquer les chefs-d'œuvre de la création, déplacer les immenses mers, déraciner les monts aux orgueilleuses cimes? Et cependant, l'homme peut dire qu'il te brave et qu'il triomphe de toi. Les jours que tu nous mesures, ces jours nébuleux, courts et tristes, que ta main avare nous dispense, seront remplacés par le grand jour de l'Eternité, jour sans matin et sans crépuscule, sans voile, sans bornes, sans fin!

Heureux celui qui, libre des soins vulgaires, maître de ses occupations et de lui-même, peut employer tous les instans d'une vie périssable à orner une âme immortelle! Heureux celui qui souvent s'élance loin de son étroite prison, de son enveloppe d'argile, et s'enivre d'avance de sa future im mortalité ! Heureux celui qui, admirant ce sublime univers, ce monde prodigieux éclos d'une pensée divine, s'élève jusqu'à la grande et première cause ! Partout il reconnaîtra l'empreinte d'une main toute-puissante, partout il verra éclater la sagesse et la bonté divines, partout, mais surtout en lui-même.

Quelle étude pourrait offrir un plus vif et plus noble intérêt que celle de l'homme ! Quoi de plus important à connaître que notre nature, nos devoirs, nos destinées ! Nous voyons avec admiration le bouton de rose percer sa légère enveloppe et s'ouvrir au soleil et à la rosée ; l'oiseau essayer ses ailes incertaines ; l'insecte s'échapper de sa prison, image de la mort, pour jouir d'une vie nouvelle et plus animée. Nous trouvons un juste sujet de bénir le Créateur dans chacun des êtres qui sort de ses mains. Mais combien plus éclatantes et plus sublimes sa puissance et sa bonté resplendissent dans l'homme ! Par son corps l'homme touche à la terre ; par son âme il touche au ciel. Il est l'anneau vivant et merveilleux qui unit le temps à l'éternité. Il fut la dernière pensée et la plus parfaite des œuvres de Dieu. Voyez cet être privilégié! Que sa démarche est noble! Que ses traits sont admirables! Quelles étaient belles et sublimes les premières créatures humaines sorties des mains du Seigneur! Quelles étaient belles et sublimes, lorsque, parées de leur innocence, *revêtues*, selon l'expression de Milton, *de leur majestueuse nudité*, elles marchaient, aux premiers jours du monde, sous les berceaux sacrés d'Eden, au milieu de leurs sujets ravis et respectueux! Contemplez ces rois de l'univers! Seuls entre tous les êtres ils lèvent vers le ciel leur front brillant d'intelligence, leurs regards pleins de reconnaissance et d'amour; seuls, ils adorent le Dieu qui les a faits; seuls, ils peuvent comprendre et admirer ses œuvres; seuls, ils volent jusqu'à lui sur l'aile de feu de la prière. A eux seuls le Verbe se révéla dès le commencement, et le Créateur donna un langage qui sert à la fois d'aliment et d'expression à la pensée intelligente, qui en rend les formes les plus déliées, les nuances les plus fugitives. Faculté divine, qui seule met un monde de distance entre l'homme et la brute !

Les animaux, sans doute, ne sont pas entièrement dépourvus du pouvoir d'exprimer quelques-unes de leurs sensations. La joie, la tendresse, l'amour maternel, se reconnaissent dans les chants si doux et si variés des oiseaux, dans les vagissemens ou les cris de la plupart des quadrupèdes. La douleur, la crainte, la faim, arrachent à presque tous les animaux des accens plaintifs ou effrayans.

« La poule qui partage un ver à ses enfans,
» N'a pas le même cri que la poule éperdue
» Dont l'horrible faucon vient de frapper la vue *. »

D'autres animaux apprennent à reconnaître le nom qu'un maître leur a imposé, à obéir aux ordres qu'on leur donne. Mais l'homme exprime avec des mots un nombre indéfini d'idées. L'homme a fait de la pa-

* Delille

role une arme plus puissante que le glaive, et après avoir tout subjugué par elle, il l'a elle-même divinisée. L'éloquence et la poésie ont eu des temples. Il n'y a point d'impiété sans doute à dire que c'est la moins insensée des idolâtries. Oui, s'il était permis de rendre un culte d'adoration à autre chose qu'à Dieu, ce serait à ce qui établit l'empire de la pensée et fait dominer l'intelligence sur la force matérielle. Qu'il est puissant celui qui peut manier ce sceptre magique ! Voyez-le maîtriser par ses accens les nations attentives, commander le sentiment, appeler sur les joues de sympathiques larmes. Poète ! je t'écoute et mon âme n'est plus à moi : elle est à toi, qui peux à ton gré l'inonder d'amertume et de délices; à toi, qui lui inspires, quand il te plaît, un courage inébranlable, et qui, quand il te plaît, la fait frissonner de terreur ; à toi, qui la remplis tour à tour de joie, de pitié, d'enthousiasme; à toi enfin, qui révèles mon âme à elle-même : car

J'ai vu l'aigle à l'aile puissante !
Je l'ai vu dans sa gloire ; et, pâle de bonheur,
J'ai senti s'éveiller la lyre frémissante,
Qui dormait dans mon cœur.

Un luth, écho divin des harpes séraphiques,
M'a révélé les cieux,
Et mon âme, rompant ses chaînes léthargiques,
Plane en un monde harmonieux.

Mais dans mon sein frémit ma pensée imparfaite,
Sur mes lèvres les chants meurent inachevés. .
Les temps, les temps encor ne sont pas arrivés ;

Mais l'avenir me luit : les chants du grand poète
Sont les flots du Cédron au bruit inspirateur,
L'Ange qui dans les cœurs souffle la poésie,
L'ardent charbon dont le Seigneur
Ouvrit les lèvres d'Isaïe.

L'homme, avec le don de la parole, reçut celui du sourire et celui des larmes, qui sont à l'éloquence ce que le parfum est à la fleur, ce que le coloris est à la peinture, ce que la physionomie est à la beauté. Le sourire communicatif exprime la bienveillance et la fait naître chez les autres ; il porte un sentiment de joie au fond du cœur, qui ignore pouquoi il est joyeux. Sur les lèvres de l'enfance, il est la plus douce expression de l'innocence et de la candeur. La première pensée de l'homme se réfléchit dans le sourire de ce nouveau-né, qui fait tressaillir d'allégresse les entrailles maternelles. Sur la bouche du vieillard, le sourire est touchant ; il peint la bienveillance, il est pour la jeunesse un encouragement et une récompense. Mais combien plus persuasive encore est l'éloquence des larmes ! Les larmes ne sont point ce que pense un vulgaire superficiel, qui les regarde uniquement comme un signe de douleur : elles font la force du faible et la puissance de la prière. Elles expriment, mieux qu'aucune parole, l'amour, la pitié, l'enthousiasme et tous les sentimens généreux.

Les larmes sont la seule langue que l'homme parle en naissant. Les pleurs de l'enfance n'ont rien d'amer. Ne les reprenez point avec sévérité ; séchez-les par une caresse. Comme un riant soleil d'avril se montre après une légère ondée, vous verrez la folâtre gaîté reparaître sur ce visage enfantin. Un ami de cet âge intéressant chantait sur le berceau d'un nouveau-né :

« Si quelquefois ton cœur soupire,
» Tu n'as pas de longues douleurs,
» Et l'on voit ta bouche sourire
» A l'instant où coulent tes pleurs *. »

Les bons chevaliers de France combattaient jadis pour conquérir un sourire de leur belle. Des guerriers bien moins généreux, les cruels vainqueurs d'Ilion, se laissèrent quelquefois désarmer par des pleurs. L'inexorable Achile lui-même fut vaincu par les larmes de Priam. Et sans recourir à ces merveilleuses fictions du père de la poésie, sans vous montrer non plus l'Homère des nébuleuses régions du nord, l'antique barde Morven pleurant sur le Mont-Solitaire le trépas d'Oscar et de Malvina, combien de pages éloquentes, combien de chants mélodieux nous devons à cette disposition du cœur de l'homme ! La lyre de Malherbe s'humecta des larmes de saint Pierre et trouva dans un idiome encore barbare une harmonie jusqu'alors inconnue. La

* Berquin.

muse de Racine a pleuré sur Sion, et celle de Corneille a recueilli les larmes de Chimène. Il n'est presque point de grand poète qui n'ait trouvé des larmes au fond de son cœur, et qui n'ait le secret d'en faire répandre. Quelques-uns ont gardé cette sensibilité qui fait pleurer comme la partie la plus rare et la plus essentielle du génie. Ecoutez le chantre d'Atala et de Cymodocée : « Muse céleste, qui inspirâtes le poète » de Sorrente et l'aveugle d'Albion..... en-» seignez-moi sur la harpe de David les » sons que je dois faire entendre; donnez » surtout à mes yeux quelques-unes de ces » larmes que Jérémie versa sur les mal-» heurs de Sion. »

Il connaissait aussi toute la puissance des larmes cet Harold qui fit retentir de ses soupirs harmonieux les ruines fumantes de la Grèce et les vieux temples de Rome, les îles des Pirates et les plaines du vaste Océan, les noirs cachots de Chiron et les champs funèbres de Waterloo. Si le luth du noble exilé nous pénètre et nous enchante, c'est surtout lorsqu'il est

« Amolli par ses pleurs *. »

Un poète que Biron nomme l'Anacréon britannique, un poète dont les tableaux sont gracieux comme les vallons enchantés de Cachemire, et les chants aussi suaves que les parfums des roses d'Eden, a senti cependant le pouvoir des larmes. Qui ne connaît ce charmant apologue dans lequel il nous présente un esprit céleste qui cherche, pour l'offrir à Allah, ce que l'univers renferme de plus précieux? Il parcourt les cités, les déserts et plonge sous les profondeurs de l'Océan. Ces riches abîmes lui offrent des rubis et des escarboucles : mais les marchepieds du trône d'Allah en sont couverts : aux yeux d'Allah ces pierres brillantes sont comme la poussière du désert.

La Péry arrive dans une cité dévastée par la peste. Tout a succombé. Deux êtres

* Lamartine.

seuls respirent encore. L'un d'eux est déjà atteint du cruel fléau : c'est un jeune homme. Une femme, un ange veille à ses côtés ; elle lui prodigue les soins les plus touchans et ne peut l'arracher au trépas. Il expire. Que fera sa jeune épouse? Abandonnera-t-elle ses dépouilles chéries? Non, elle les presse sur son cœur et son dernier soupir s'exhale. Il doit être précieux aux yeux d'Allah, ce soupir. La Péry le recueille. Elle l'apporte au pied du trône où l'Eternel réside au-dessus des nuées. Mais quelque pure que soit cette offrande, il en est une, lui dit-on, de plus digne d'Allah.

Le céleste génie s'élance de nouveau d'une aile infatigable : il fait jusqu'à trois fois le tour de notre globe. Au milieu de beaucoup de crimes, il vit briller quelques vertus ; mais rien de ce qui frappa ses regards ne lui parut valoir sa première offrande.

La Péry remontait les mains vides vers l'empirée. Tout-à-coup elle entend des cris prolongés. Elle voit sur un champ de bataille une poignée de héros accablés par des ennemis nombreux. Ils tombent tous percés de mille traits. Un seul respire encore. Il ne peut sauver son pays, mais il ne veut pas lui survivre. Immobile à sa place, il attend la mort. Il ne se croit quitte envers sa patrie que lorsqu'il sent le trépas fermer ses yeux et tout son sang s'échapper de son sein ouvert par le glaive. La Péry regarde ce guerrier avec admiration. La fille du ciel fléchit le genoux devant les restes inanimés d'un mortel. Elle reçoit la dernière goutte du sang qui anima ce cœur généreux et remonte vers le firmament. Allah jette sur cette offrande un regard favorable. Mais il réclame un don plus rare encore et plus agréable à ses yeux. La Péry, désespérant de le trouver chez les mortels, parcourt tous ces innombrables soleils, ces mondes étincelans qui gravitent dans l'azur. Sa recherche est vaine. Elle redescend sur notre globe. Elle voit un temple rustique d'où s'élèvent des chants pieux. Là, des vierges innocentes, des pontifes sacrés, toute une foule fervente offre des vœux à l'Eternel. Sous le portique du monument, un homme prie seul et caché à l'ombre d'un pilier. Les regards de la fille des cieux embrassent à la fois un grand nombre d'années. Elle lit sur les traits de cet homme que sa vie fut souillée de crimes. Mais une larme a coulé de ses yeux ; et la Péry a tressailli de joie. Elle place cette larme sur son cœur. Les portes brillantes de l'empirée s'ébranlent et s'ouvrent devant elle. Allah préfère à la vertu même une larme du repentir.

L'homme, si borné dans l'étendue de la vie terrestre, est grand dans les œuvres de son génie. Il est immense par ses désirs, par ses espérances, par les élans de son âme, que rien ici-bas ne remplit, qui appelle et conçoit l'infini. Il laisse des traces de son passage sur cette terre qu'il traverse si rapidement : sa courte existence lui suffit pour élever à sa gloire des monumens presque éternels. J'en atteste Homère et les Sésostris, l'Illiade et les Pyramides ! A quoi donc fut-il destiné cet être si supérieur à toutes les créatures qui couvrent la terre, qui remplissent la mer, qui peuplent les champs éthérés? A quoi fut-il destiné? A l'immortalité, à un bonheur sans fin, comme son existence future; à un savoir sans bornes, comme ses désirs; à la possession de Dieu, source de toute vie, de toute science, de tout bien.

Tel et à ces fins l'homme fut créé. Comment déchut-il de cet état prospère? Pourquoi Dieu voulut-il qu'en un jour fatal l'homme se dégradât et se perdît? Que la mort, hideux reptile, déchirât et empoisonnât dans son germe cette noble plante qui fleurissait dans Eden, à l'ombre de l'innocence, et devait couvrir un jour de rejetons immortels comme elle une terre à jamais heureuse? Pourquoi? Ce sont là les secrets de la sagesse divine. Baissons nos fronts humiliés... Mais plutôt levons au ciel des yeux reconnaissans; que nos voix glorifient le Seigneur! Que nos cœurs bondissent d'allégresse, le jour de la Rédemption a lui.

Pendant quatre mille ans les poisons de l'ignorance et la frénésie des passions avaient rempli le monde de fléaux et de crimes. Dans ces profondes ténèbres, il est vrai, quelques éclairs avaient brillé, mais rapides comme ces feux vacillans, qui, dans une nuit obscure et orageuse, semblent ne luire que pour mieux éclairer l'horreur de la tempête.

Les sages qui suivaient la loi de la nature, ces rois pasteurs, ces saints patriarches, se transmirent l'un à l'autre, avec le dépôt sacré des traditions, les vertus primitives dont Dieu avait mis le germe dans le cœur humain. Plus tard, un peuple élu par le Seigneur garda sa loi, et si souvent il oublia le Dieu de ses pères, toujours, du moins, il revint à lui. Chez des nations même livrées à l'idolâtrie, on vit des traits éclatans de vertu et de patriotisme. Quelques hommes apparurent doués d'une sagesse si merveilleuse, d'une âme si grande et si forte, qu'ils semblaient avoir deviné la morale évangélique. Qui pourrait nommer sans admiration Socrate ou Léonidas, Caton ou Régulus? Qui peut parcourir sans enthousiasme la Grèce ou l'Italie? Quel cœur ne s'enflamme en contemplant la puissance de Rome, les vertus de Sparte, les arts de l'Attique? Mais à côté du plus sublime héroïsme, que de forfaits consacrés par une législation barbare! Quelles cruelles superstitions! que de fléaux à déplorer! L'esclavage livre à des hommes d'autres hommes dont ils disposent comme d'une vile propriété. La vie de ces malheureux dépend d'un caprice de leurs maîtres : chez eux, une faute légère ou involontaire est souvent punie par la mort. Un infâme sybarite égorge un esclave qui a brisé par maladresse un vase précieux et jette ce misérable en pâture à ses lamproies, pour rendre la chair de ces poissons plus délicate et leur goût plus savoureux! Et les lois religieuses et civiles des Romains n'ont point de châtimens pour de si épouvantables actions! Parlerai-je des jeux sanglans du cirque? De ces affreux spectacles où un peuple, avide d'émotions terribles, voyait avec une joie de tigre des hommes périr pour son amusement ? Raconterai-je ces immenses exhibitions de carnage, dont un Néron et un Caligula divertirent à leur couronnement les habitans de la ville éternelle ? Dirai-je les supplices réservés aux vestales soupçonnées d'avoir trahi leurs vœux ? Faut-il peindre tous les vices divinisés, et vous montrer parmi les empereurs qu'on élevait au rang des dieux des êtres dégradés et indignes du nom d'homme ? Non, jeunes enfans, je ne veux pas fixer vos regards sur d'aussi funestes images. Il suffit que vous sachiez que les lois et les idées de morale qui régissaient le monde avant la venue du Messie étaient imparfaites, erronées, impuissantes à prévenir les plus grands crimes et les plus grands maux.

Soudain, au fond de la Judée, une voix surhumaine se fait entendre ! Ce qu'elle annonce est vraiment un évangile, c'est-à-dire une bonne nouvelle. Elle dit à ceux qui pleurent qu'ils seront consolés, à ceux qui ont faim et soif qu'ils seront rassasiés, à ceux qui sont pauvres et humiliés qu'un royaume immortel leur appartiendra. Elle appelle les petits enfans, les faibles, les esclaves, les infortunés : aussi tous les misérables accourent en foule à cette voix, et tous s'en retournent soulagés. La divinité de cette doctrine toucha les cœurs. Au milieu des persécutions, des larmes, du sang de ses confesseurs, dans l'horreur des cachots humides et dans les ténèbres des catacombes, la religion du Christ croît, grandit, se propage, jusqu'à ce qu'enfin victorieuse et triomphante, elle s'assied sur le trône avec Constantin.

En même temps qu'un législateur, nous trouvons dans le fils de Marie un rédempteur et un modèle. Pour remplir nos destinées, nous devons pratiquer les vertus qu'il pratiqua durant sa vie mortelle, nous devons suivre ses divins préceptes, afin que son sang versé pour nous n'ait pas été versé en vain Nous serions bien coupables si, rendant inutile une si précieuse rançon, nous reprenions des fers qu'il est venu rompre ; si deux fois nous brisions la coupe d'immortalité que Dieu a deux fois mise en nos mains.

Elvire, préoccupée de ces graves pensées, cherchait des expressions qui pussent les mettre à la portée de la jeune intelligence de Valérie. Les deux cousines étaient assises devant une croisée que, malgré le froid piquant, on avait laissée ouverte, car ce jour-là était un 24 décembre, veille de la Noël, et l'on voulait voir les préparatifs qui déjà se faisaient pour célébrer le saint anniversaire de la nuit qui donna au monde un rédempteur. Il était dix heures du soir et déjà les premières volées de la cloche avaient averti les paysans des confins les plus éloignés de la paroisse qu'il était temps de s'acheminer vers l'église. On voyait luire au loin les brandons et les branches enflammées qui éclairaient leur marche dans les ténèbres de la nuit et sur une route que rendaient dangereuse l'abondance des neiges et les inégalités du terrain. Un ciel bleu, pur et scintillant d'étoiles, s'étendait sur la campagne blanche et glacée comme une voûte de lapis lazuli et de diamant sur un pavé de marbre ou d'albâtre. Une lune étincelante jetait sur la neige des reflets presque aussi vifs que le sont ceux du soleil dans les pâles contrées du nord. Dans un coin du firmament, une comète déployait majestueusement et semblait secouer avec orgueil son ardente chevelure ; l'aspect de cet astre inaccoutumé ne rappelait aux bons villageois aucune pensée effrayante. Ils n'y voyaient pas un présage sinistre, mais plutôt une image de l'étoile miraculeuse qui guida les mages vers la crêche de l'enfant Dieu. Confians, pieux, gais et parés de leurs habits de fête, ils s'avançaient, ces hommes rustiques, vers la chapelle préparée pour la nocturne et touchante solennité ; ils s'avançaient en chantant des cantiques, en portant des offrandes simples comme eux. Un agneau, à la tête ornée de fleurs et de rubans, au corps sans défaut, à la toison sans tache, était couché entre les bras d'un jeune garçon qui marchait le front ceint d'un bandeau de lin, et la taille, d'une écharpe azurée. Deux jeunes filles pures, belles, éclatantes comme la neige de ces hautes régions ou la rose embaumée des Alpes, portaient dans des corbeilles d'osier des colombes, des tourterelles et des gâteaux d'un froment choisi.

Elvire voyait avec une émotion profonde cette foule recueillie, symboles attendrissans! elle écoutait, les yeux humides de pleurs, ces chants tout empreints d'une naïve et sainte allégresse, ces vieux noëls de Bridaine, si touchans dans leurs simplicité. Cette harmonie pieuse, ces emblèmes, ces flambeaux mobiles, cette brillante nuit, cet astre nouveau qui venait l'éclairer, les accens d'abord graves et lents, puis joyeux et précipités de l'airain sacré; surtout les hautes pensées que cet anniversaire rappelle, tout se réunissait pour prolonger l'âme dans une divine extase

La petite Valérie tira sa cousine de sa rêverie en lui disant : Voilà la cloche qui somme vite ; Elvire, il est près de minuit et temps d'aller à la messe.

Les deux amies, enveloppées dans de chaudes pelisses, se joignirent aux autres personnes de la maison qui les attendaient avec des flambeaux, et suivirent, pour se rendre à l'église, un chemin pratiqué sous la neige, qui brillait sur leurs têtes en voûte de cristal.

Le temple rustique était éclairé par des cierges de cire jaune et brute et par de simples lampes d'airain.

Le sacrifice auguste fut célébré. Une foule recueillie et croyante adora, le front dans la poussière, le Dieu que la foi contemple sous un pain miraculeux, la victime qu'un incompréhensible amour fait descendre sur nos autels, le Dieu fort qui, pour racheter le monde, voulut naître d'une mère mortelle et reposer, faible et nu, dans la crêche de Bethléem et sur l'arbre sanglant de Golgotha.

Les saints mystères étaient accomplis ; mais des cantiques d'allégresse retentissaient encore, prolongés par les échos d'une voûte sonore.

Soudain un silence religieux s'est établi. Le vieux pasteur est monté dans la chaire évangélique; son aspect inspire un respect profond. Il est revêtu de ses habits sacerdotaux, et ses cheveux blancs forment sur son front une vénérable couronne. Il parle avec simplicité, mais avec onction, de la fête du jour; puis il dit : « Mes frères, vous savez qu'un affreux incendie a consumé il y a deux jours le hameau de ***, à six lieues d'ici. Vingt maisons sur vingt-deux ont été la proie des flammes; vingt familles sont sans asile. Ces vingt familles forment près de cent personnes, hommes, femmes, enfans, viellards. L'incendie a éclaté au milieu de la nuit, et les malheureux n'ont pu sauver que leur vie. Ils sont dans le dénuement le plus absolu. Vainement ils se sont efforcés d'arrêter les progrès du feu, qu'un vent violent rendait plus terrible; en quelques minutes il a tout dévoré. Les infortunés, après avoir vu les flammes consumer leurs demeures, ont cherché un abri dans les cavernes de la montagne. Quelques-uns, les plus vieux et les plus jeunes, les plus faibles, les plus malades ont été recueillis dans ma maison. Les autres ont reçu quelques habits, quelques alimens, mais que ces secours sont insuffisans! Mes frères, pour célébrer ce saint jour, allons les chercher tous; amenons-les ici; partageons-nous les. Ce hameau a dix maisons : que dans chacune d'elles une de ces malheureuses familles soit reçue. Le presbytère peut contenir les dix autres. Allons, mes frères, prenons soin de nos pauvres voisins, afin que Jésus-Christ nous dise un jour à nous : *Venez, mes bien-aimés : j'ai eu faim et vous m'avez nourri, j'ai eu soif et vous m'avez désaltéré, mes membres ont été exposés au froid et vous m'avez couvert ; venez, vous êtes mes bien-aimés et les bien-aimés de mon père.* Ayant dit ces paroles, le pasteur s'achemina vers la caverne de la montagne, et tout le monde le suivit. Douze heures après, les pauvres incendiés étaient assis autour de plusieurs tables, dressées dans les diverses chambres du presbytère. Puis, chacun d'eux trouva dans une des chaumières du village un lit et les soins que son état réclamait. Six mois après, le hameau était rebâti, grâce à de généreux secours.

Valérie avait vu avec un attendrissement qu'on devait attendre de la bonté de son cœur les souffrances et le désespoir des malheureuses victimes d'un si déplorable accident. Parmi elles, se trouvaient trois petites orphelines dont l'aînée n'avait que dix ans. Ces pauvres enfans avaient pour tout bien une chaumière que le feu avait consumée, pour unique protecteur, leur grand-père, vieillard presque centenaire, qui, blessé par une poutre enflammée dans les horreurs de l'incendie, avait fini le jour suivant sa longue et laborieuse carrière. Le sort des trois malheureux enfans, que sa mort laissait sans aucun appui, toucha profondément le cœur de Valérie. Hélas! dit-elle à son père, que vont devenir ces pauvres petites?. .

Leur sort est bien digne de pitié, en effet, répondit M. de Montrol, je ne vois pour elles d'autre ressource que l'hôpital.

VALÉRIE.

Ah ! papa, cher papa, je vous en prie, mettez ces trois petites filles dans une école jusqu'à douze ans, et puis, quand elles auront fait leur première communion, placez-les en apprentissage à la ville, chez une bonne couturière, afin qu'elles puissent gagner leur vie.

M. DE MONTROL.

Hélas ! ma fille, que je voudrais pouvoir condescendre à tes vœux. Mais ma fortune est modique, et...

VALÉRIE.

Papa, papa, vous m'achèterez quelques robes de moins. Et mais !.. vous dépensez aussi pour moi de l'argent en joujoux, en poupées, qu'ai-je besoin de cela maintenant ? Je suis grande, j'ai près de huit ans, et j'ai appris à m'occuper de toute autre chose. Les fleurs du jardin, les arbres du coteau, le ruisseau du vallon, le petit oiseau qui chante dans le bocage, le caillou même qui roule sous mes pieds, le blé que je vois mûrir, tout cela m'intéresse à présent. Je trouve dans toutes ces choses des sujets d'étude et en même temps de distraction. Qu'ai-je besoin de joujoux?

M. DE MONTROL.

Ma chère enfant, les petites économies que tu me proposes de faire seraient bien insuffisantes pour faire élever les trois jeunes orphelines dont tu plaides si bien la cause : mais, n'importe; à Dieu ne plaise que je rejette ta touchante prière! moi aussi je m'imposerai quelque privation. Va dire à tes protégées que dès demain elles seront placées dans une pension, et que leur existence désormais est assurée.

Valérie se jeta dans les bras de son père, qui la pressa tendrement sur son cœur et remercia Dieu de lui avoir donné une telle enfant.

Valérie goûta ce jour-là une joie ineffable, la joie qui accompagne une bonne action. Le lendemain, la sensible enfant éprouva un chagrin réel et profond. Dieu voulut qu'elle apprit bien jeune la résignation de même que la bienfaisance... Mais c'est à Elvire surtout qu'une épreuve cruelle était réservée. Quel déchirement de cœur elle ressentit en se séparant de sa compagne chérie, de l'enfant de ses plus tendres affections !

Maintenant le vaste océan sépare les deux amies, mais Elvire écrit souvent à sa Valérie. Elle lui parle de ce qu'elle voit sur les rives lointaines; elle dessine, pour lui en donner une idée, les sites pittoresques qu'elle serait si heureuse de lui faire admirer, et prépare pour elle et pour vous aussi, jeunes lecteurs, l'*album d'une voyageuse.*

A bord de la *Rose du Tage.*

SOUVENIRS DE LA PATRIE.

ROMANCE.

Air : Fleuve du Tage.

« Vois ! c'est le Tage, »
Ont dit les matelots,
« Un doux rivage
» Enserre ses doux flots.
» O fille de la lyre,
» Que ce beau lieu t'inspire ! »
— Hélas ! je dis.
Je rêve à mon pays.

« Jeune étrangère,
» Ton luth est triste et doux.
» Chante ! naguère
» Ta voix nous charmait tous.
» Ta main erre, distraite,
» Sur la corde muette ;
» L'écho des mers
» Ne dit plus tes concerts. »

— Je vois le Tage
Aux bords inspirateurs.
Je vois la plage
Qu'embaument mille fleurs

Mais mon âme oppressée
D'une trisse pensée
Traîne le poids ;
Et mon luth est sans voix.

En vain cette onde
Comme un miroir d'azur,
Claire et profonde,
Réfléchit un ciel pur.
Je rêve un ciel plus sombre,
Un vallon rempli d'ombre...
Morne douleur
Ici brise mon cœur.

Je vois mon père
Avec ses blancs cheveux,
Ma tendre mère
Et ses touchans adieux ;
Et mes yeux, pleins de larmes,
Voient, sans goûter leurs charmes,
Ces lieux nouveaux
Si brillans et si beaux.

Il est en France
Un doux et frais vallon ;
Au fond s'élance
La tour d'un vieux donjon.
Le mur qui l'environne
De lierre se couronne,
Un clair ruisseau
Coule au pied du coteau.

A cette image,
Mon cœur bat et frémit.

Aux bords du Tage
En vain tout me sourit.
Sur la rive fleurie,
Je pleure une patrie,
Le vieux château
Et les bords du créneau.

ROMANCE

SUR DEUX OISEAUX QU'ON AVAIT SÉPARÉS.

Pauvres petits! pourquoi les séparer?
Au même jour nés dans la même cage,
Nourris ensemble, ils semblaient ignorer
Qu'ils étaient nés, hélas! pour l'esclavage
Sur le même barreau, disant même chanson,
Dans le même cristal s'abreuvant d'une eau pure;
Ensemble à leurs petits apportant la pâture,
Pensaient-ils seulement qu'ils étaient en prison?

Lors, sans envie, ils voyaient les forêts
Et respiraient la brise printanière!
C'était pour eux les lambris d'un palais
Que les barreaux dorés de leur volière.
Quand ma main chaque jour la couvrait de mouron,
Ils chantaient : ils croyaient posséder la nature
Aussitôt qu'une fleur ou qu'un brin de verdure
Venait s'entrelacer aux fers de leur prison.

Pauvres captifs! maintenant au secret,
Chacun sent bien l'excès de sa misère,
Tous deux mourant de langueur, de regret...
Que sert d'orner un cachot solitaire?

L'époux ne rendit plus ses joyeuses chansons...
Ah ! sa première cage était une patrie.
Rendez-lui ce séjour, rendez-lui son amie,
Ou craignez que ma main n'ouvre les deux prisons !

L'ORPHELINE DE GRENADE.

ROMANCE.

Où s'adressent tes pas, malheureuse orpheline?
Pose ton luth !... Vois ce tertre sanglant!
Une croix le protége, un glaive le domine.
Enfant, c'est là qu'il dort, le guerrier castillan.
Jamais, hélas ! tu n'as connu ta mère,
Et maintenant, ô Leïla,
Ton seul ami, ton tendre père
Est couché là !

Les roses, l'oranger, ceignent ta chevelure !...
O pauvre enfant, cherche un voile de deuil !
Ecarte de ton front cette fraîche parure,
Dépose ta guirlande au pied de ce cercueil,
Et que tes pleurs mouillent la froide pierre !
Oui, pleure, pauvre Leïla,
Ton seul ami, ton tendre père
Est couché là !

Détache de ton cou cette chaîne brillante,
Bijou royal conquis par un héros!
Ton père, à son retour, de sa main triomphante
Aimait à te parer de ces riches joyaux.

Mais il n'est plus, hélas! et sur la terre
Tu restes seule, ô Leïla!
Ce noble ami, ce tendre père
Est couché là!

Où vas-tu! Vers vers le temple en vain tu t'achemines,
N'as-tu pas vu crouler son toit fumant?
O pauvre fleur, éclose au milieu des ruines!
Pour abri tu n'as plus que ce froid monument,
Offre à ton Dieu tes pleurs et tes prières,
Lui seul t'écoute, ô Leïla!
Parle à ton Dieu, puisque ton père
Est couché là!

PAULINE FLAUGERGUES.

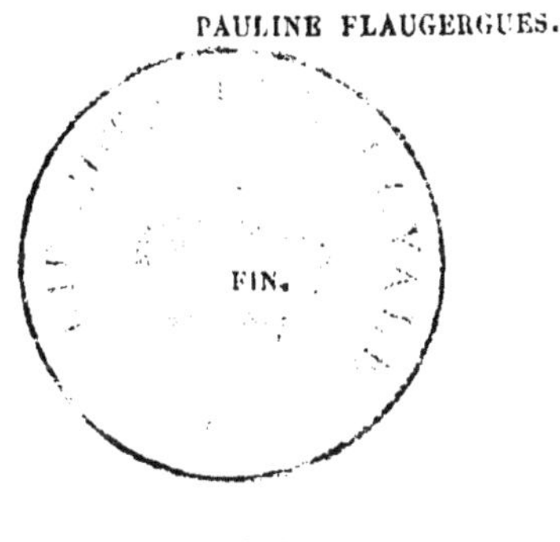

FIN.

TABLE.

FIN DE LA TABLE.

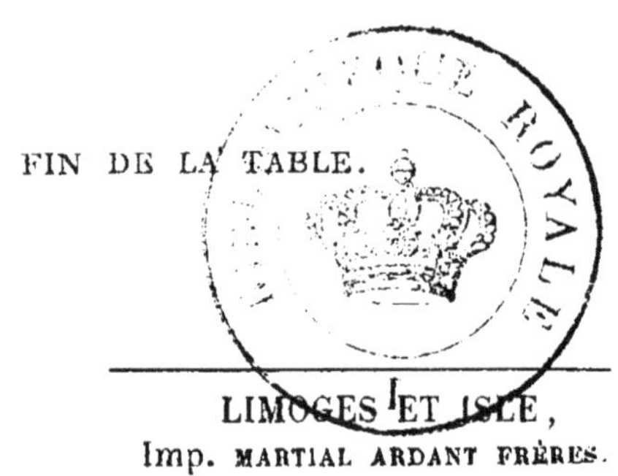

LIMOGES ET ISLE,
Imp. MARTIAL ARDANT FRÈRES.

www.ingramcontent.com/pod-product-compliance
Ingram Content Group UK Ltd.
Pitfield, Milton Keynes, MK11 3LW, UK
UKHW021307190726
13839UKWH00007B/83

9 782329 418094